JN194616

カメムシ博士入門

安永智秀　前原諭　石川忠　高井幹夫 著

全国農村教育協会

まえがき カメムシ学のすすめ

本書の企画を全国農村教育協会（全農教）から提案いただいたのが、2012年も押しつまった初冬、私がアフリカでの任期を終えて帰国した頃だった。時あたかも日本原色カメムシ図鑑第3巻が世に出て約1か月の後、日本産陸生カメムシの八割方が図鑑で同定できるようになった暁のことだ。日本原色カメムシ図鑑シリーズに費やした二十有余年、高井さんを筆頭に関係者の撮りためた画像は数万点に及ぶだろう。したがって、カメムシ博士入門は、さしたる苦労を要さず2～3年もあれば完成できると皮算用し、二つ返事で執筆を引き受けたのが甘かった。カメムシ学の奥の深みに改めてのめり込む5年の歳月を、悲喜こもごも、積み重ねることとあいなった。

日本産異翅半翅（カメムシ）類の全55科という規模は、傲然と聳え立ちはだかる高峰を彷彿とさせる。ことに水生・半水生半翅類の、納得のゆくカットを一から撮り直す作業は楽なものではなかった。採集困難種を含む多彩な陸生・水生カメムシたちに、さまざまなアングルで迫り、望ましいポーズをとってもらうにしても、彼ら個々の生態について予備知識が不可欠－カメムシ「博士」を目指す以前に、私たち自身が「白紙」の状態に立ち返る必要に迫られた。私の場合、微小種ばかりのグループに特化して、対象を見る視界がずいぶん狭まっていたから、観察法や思考法をリフレッシュせざるをえず、視野の再拡張にも腐心した。

本書に携わった足かけ5年のうち、延べ2年間をインドシナ3か国ですごせたことは大いに益した（日本では絶滅しかかっている種が比較的簡単に得られた）けれど、日本で糊口していた間、スーパーサイエンスハイスクールの指導に雇われた機縁も幸いした。純粋無垢なティーンエイジャーたちから逆に教えられることも多かったし、恩師宮本正一先生に手を引かれるようにして、カメムシワールドにおぼつかない歩を進めた三十余年前の初心に、少しばかり回帰することができたようである。生物部員たちと同程度の知識レベルで

始めた海産アメンボの調査は、奇想天外な新種の発見につながり、学校に時折貸し出される卓上型走査電顕を存分に利用できたことも、本書に多大な付加価値をもたらした。

私たち自身がカメムシ博士をめざす途上、さまざまな難関に遭遇したが、新発見に沸く機会も多々あり、予期せぬ僥倖にもめぐまれた。掲載を諦めていたサンゴアメンボや遠洋性ウミアメンボ類の生態写真が土壇場になって次々と採（撮）れたのも、天の采配よろしき奇貨だった。本書にはこうした珍しい種類やかつて報告例のない生態などに関する画像・情報も少なからず盛り込んだ。結果、世界にも類を見ない、カメムシ学の入門書・指南書・教科書・奇伝書…たぶん、後世に（ここしばらくは？）残ってくれるだろう一書を、世に問うことができたと思っている。

既存の報告や論文・書籍からあたう限り抽出した情報と、私たち自身の得た若干の新知見を濃縮し、カメムシ学の基本を端的に示すことが、本書の主旨とお考えいただきたい。限られた紙面の中、割愛した内容、掲載が叶わなかった画像も多々あった。いささか舌足らずな項目のあることも予めお断りしておく。とりあえずは著者一同、処女峰に挑む新進気鋭を待望し、粗末ながらベースキャンプの設置を試みた－今後、どのルートから、どういう方法でカメムシ峰○×万尺を登攀するのか、道程は険しいかもしれないが、本書を足がかりに第2、第3キャンプへと楽しく躍進していただければ幸甚である。

著者を代表して　安永 智秀

（2018年7月吉日 タイ東北部の僻村にて）

カメムシ探索ポイントの縮図

目次

コラム目次

お世話になった人びと

本書をまとめるにあたり、多くの方々、研究教育機関にお世話になりました。記して心よりお礼申し上げます。

（順不同、敬称略）

林 正美
高橋敬一
別府隆守
細川貴弘
深川元太郎
長島聖大
松尾照男
山田量崇
蔡 經甫
三田村敏正
大庭伸也
大原賢二
宍戸孝之
友国雅章
丸山博紀
長崎西高校生物部（長嶋哲也）
長崎北高校科学部（田中 清）
農林水産省那覇植物防疫事務所
日立ハイテクノロジーズCSR本部（寺田大平・濱 敦司）
ミャンマー農業潅漑省植物防疫局
タイ科学技術省Sakaerat環境研究施設
（Taksin Artchawakom・Phuvasa Chanonmuang）
ネパール・トリプバン大学自然史博物館
カンボジア・シェムリアップ教員養成校
ケニア・ナイロビ国立博物館
Randall T. Schuh
Seunghwan Lee
Ram Keshari Duwal
Benyapha N. Rungrueang
Andrzej Wolski

第1章
カメムシの形とくらし

高山から遠洋海面まで、驚異的な適応を遂げたカメムシ類—その多様性をきわめた形態と生きざまを紐解くため、本章では考えられるあらゆる視点からのアプローチを試みました。昆虫の5大グループのなかで甲虫、蝶・蛾、双翅類、蜂・蟻を、それと認識するのはたやすいことです。他方、アメンボやグンバイムシを椿象（カメムシ）類と即答できる人の少ないことは、カメムシの形とくらしの多彩なバリエーションを端的に示唆しています。さあ、扉をひらいてみましょう。そこは茫洋深遠なカメムシワールドへの改札口です。

（安永智秀）

カメムシの基本形態

カメムシのカメムシたる特徴を知ろう！

●基本中の基本

①口吻＝吸収口をもつ(→p.14 口器のしくみ)
②臭腺が備わり、においを出す(p.16 臭腺とそのしくみ)
③前翅は通例、前半部が革質化し半翅鞘となる(p.22 カメムシの翅)

カメムシ類は、地球上におよそ40,000種、日本（領海も含む）にざっと1,500種が生息している。

通念的なふつうのカメムシ

●カメムシのさまざまな環境でのくらしに適応した合理的なかたちとは…

①口吻には大あごと小あごの変化した口針が収まっていて、動物、植物、菌類など、多種多様な食物を吸収・摂取する。
②臭腺から放出されるにおい成分は、外敵への防御に役立つだけではなく、各種フェロモンとしても機能している。
③前翅が硬くなることで、甲虫のように強度が高まったいっぽう、半翅鞘をあえて縮小し、小楯板を発達させたグループもある。

小楯板が極端に発達したカメムシ
強度と飛行能力の向上

ニシキキンカメムシ

カメムシ最大の多様性を誇るカスミカメムシの仲間

スケバチビカスミカメ

ナガミドリカスミカメ

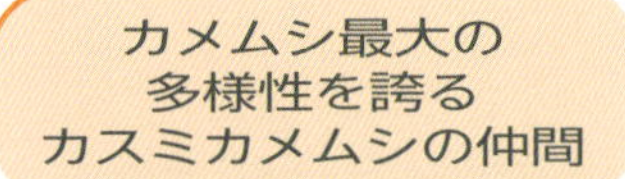

アメンボも立派なカメムシの仲間

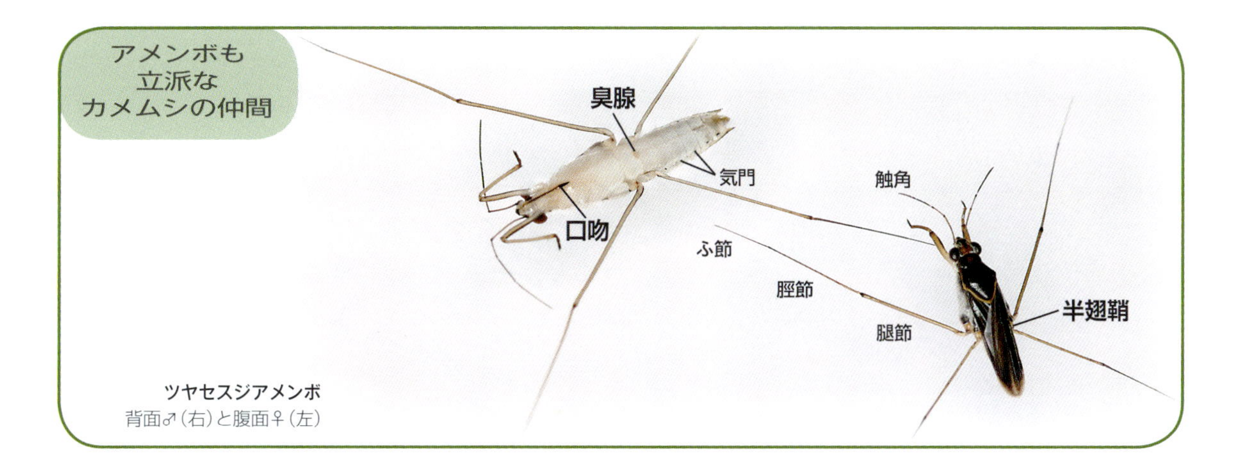

ツヤセスジアメンボ
背面♂(右)と腹面♀(左)

カメムシの多様な食性 ①

多様な食生活を可能としたバラエティーに富むカメムシの形態を観察しよう

●多様な食生活への適応

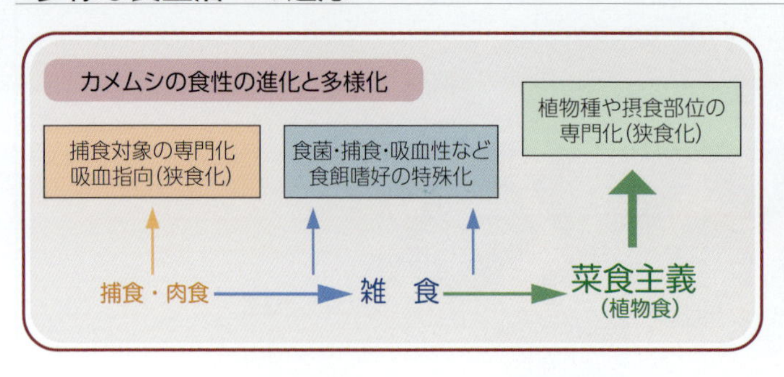

形態やDNA解析から推定される系統（第3章系統樹参照）と、グループごとの食性を重ねあわせてみると、カメムシの最初の祖先は、肉食が基本だったと考えられる。それらが分化・放散する歴史のなかで雑食性のものが現れ、やがて植物専門へと適応していったらしい。一部は食菌や吸血といった特殊化への道をたどったが、こうした特殊な群がグループのまとまりを超えて並行的に派生していることには、カメムシたちの強靭な適応力を感じさせられる。

●セミやカブトムシだけではない―樹液嗜好派―

樹木の幹に生息するカメムシの多くは捕食者で、樹液を専門に吸汁するものは限られる。

クヌギズイムシハナカメムシ　カブトムシのようにクヌギの滲出発酵樹液を好む。捕食者ばかりのハナカメムシではめずらしい例

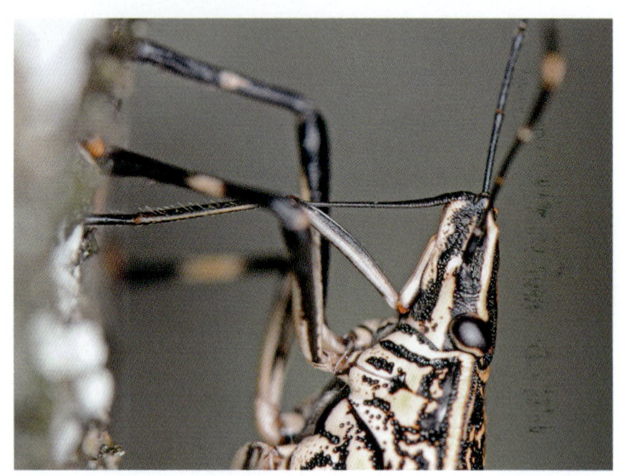

キマダラカメムシ　硬い木の幹から直接吸汁するセミさながらのカメムシもある

●菌食―健康食志向か究極のグルメか？―

カメムシの一部に見られる特殊な食生活。一生涯のエネルギーをキノコ（菌類）だけでまかなう彼らは、カメムシきっての「究極の美食家」なのかもしれない。

ホシダルマキノコカスミカメ　キノコカスミカメの仲間には、菌糸や胞子専門に摂食する種のほか、キノコにいる甲虫や双翅類幼虫を捕食するものもある

クロキノコカスミカメ　湿潤な森林の菌で覆われた倒木や朽ち木上で生活する

イボヒラタカメムシ　ヒラタカメムシ類も代表的な食菌性カメムシ

●植物食ーカメムシでは斬新なグルメー

カメムシではもっともオーソドックスと思われがちな植物食、実は進化の過程では斬新といえる食生活なのだった。同じ菜食主義者でも好む部位（花・茎・果実・種子など）や植物種が限定されているカメムシも少なくない。

ホシハラビロヘリカメムシ クズに多い普通種

ゲットウグンバイ
南方系で、バナナやショウガを加害する

オオツノカメムシ
ケンポナシの果実を吸う

グリーンピースを吸うアオクサカメムシ

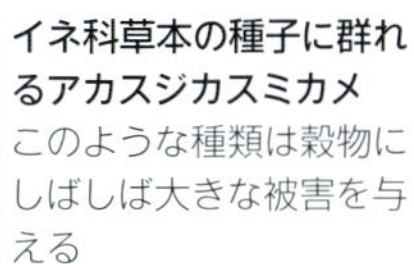

イネ科草本の種子に群れるアカスジカスミカメ
このような種類は穀物にしばしば大きな被害を与える

ヨツモンカメムシ
ニレ類のみに依存する北方系のクヌギカメムシの仲間

ミスジシダカスミカメ
シダ植物の胞子はシダカスミカメ類の主要な栄養源

ブドウを吸うチャバネアオカメムシ
フルーツは多くのカメムシの好物だ

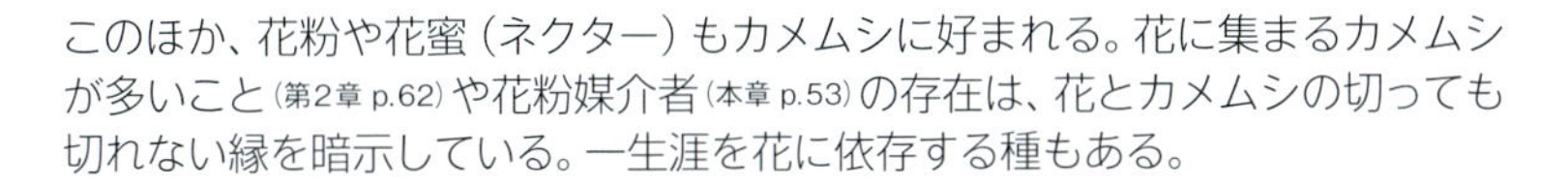

このほか、花粉や花蜜（ネクター）もカメムシに好まれる。花に集まるカメムシが多いこと（第2章 p.62）や花粉媒介者（本章 p.53）の存在は、花とカメムシの切っても切れない縁を暗示している。一生涯を花に依存する種もある。

カメムシの多様な食性 ②

●動物食ー伝統的なカメムシの食文化ー

伝統的食性とはいえ、動物由来の栄養のみに依存する種は現存のカメムシでは比較的少なく、むしろ「肉食・菜食兼備タイプ」が多いことを知っておきたい。

●吸血

カメムシは基本的に食物を「吸収」するから、広義的には多くの捕食者が吸血性を備えるとも解釈できるが、ここでいう吸血とは、高等脊椎動物の「血液」を選好するものを示している。

トコジラミ トコジラミ（別名：南京虫）は世界でもっとも有名なバンパイア（吸血性）カメムシである。恒温動物から吸血するカメムシは、トコジラミのほか、サシガメとナガカメムシの一部に知られている

●捕食

プリデーター（捕食者）たちの口器と前脚の形態は、獲物をとらえやすい武器に特化する（次項；口器のしくみ参照）。

アオクチブトカメムシがイモムシを捕食 クチブトカメムシ類はカメムシ科でも独特の捕食者ばかりのグループ

シマサシガメがコメツキムシを捕食

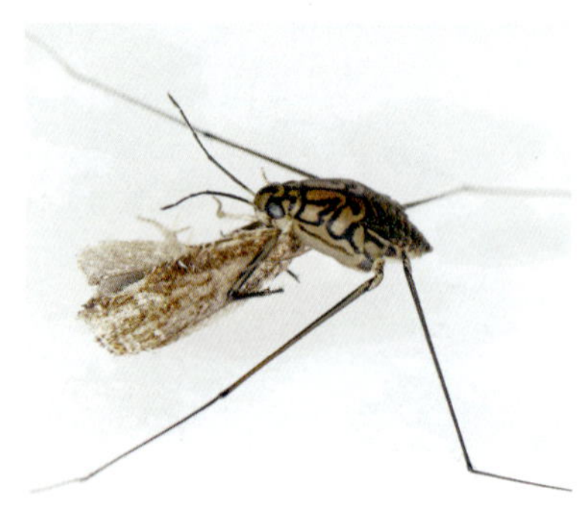

シマアメンボが小型の蛾を捕食

シオアメンボがショウジョウバエを捕食

ミズカマキリが小魚を捕食 アメンボ同様、水生カメムシのほぼすべてが肉食

代表的なグループの肉食嗜好の程度

捕食対象が極限される	広食（いろいろな対象を捕食）または雑食性
サシガメ（ヤスデ·アリ·シロアリ）	水生·半水生カメムシ（昆虫から脊椎動物まで）
グンバイカスミカメ（グンバイムシ）	マキバサシガメ（ときに植物も摂食）
クチブトカメムシ（イモムシ）	ハナカメムシ（ときに植物も摂食）
ホシカメムシ類（ホシカメムシ類）	カスミカメムシ（多少とも植物に依存）

●ハイエナやハゲタカのようなカメムシ

カメムシが昆虫や小動物の死骸を摂食する場面はよく観察される。

水面に落ちたクマゼミの死体に群がるナミアメンボ　水面の覇者、アメンボ類は捕食者であると同時に、水面に浮かぶさまざまな動物の遺体からも栄養を得る

クモの巣にかかったキスジホソマダラ（蛾）を吸うシマアオカスミカメ　熱帯にはクモの巣にすみ、かかった獲物のおこぼれを頂戴する変わったカメムシも知られる

●掃除屋カメムシ

捕食性のカメムシには鳥獣の糞のなどを吸収するスカベンジャー（掃除屋）的な習性をもつものが少なくない。

鳥の糞を吸うタバコカスミカメ類の一種（タイ産の未記載種）

同、タイワンツヤカスミカメ終齢幼虫

口器のしくみ

①太く見える口吻は鞘、刀身が口針
②口吻（外身）は下唇が伸長した構造物
③口針は大あごと小あごが束になったもの
④草食系と肉食系で、形状や細部構造が異なる

●ハンターたちに備わる強力な武器

捕食者たちの口吻や口針にはとらえた獲物を簡単に逃がさない構造が備わっている。クチブトカメムシのアンカーや、タイワンタガメの矢尻状の突起と剛毛は強力な武器だ。

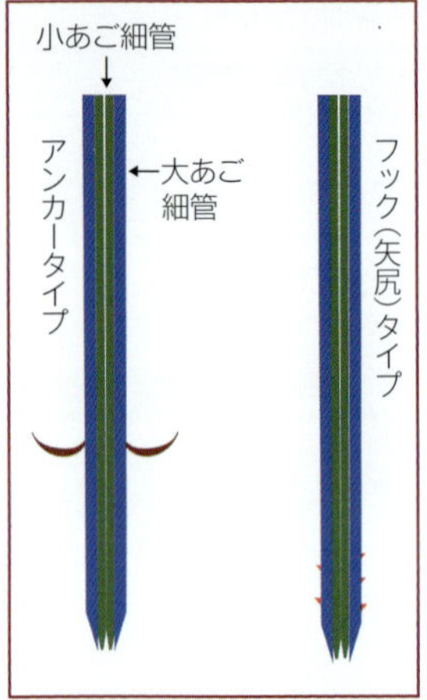

タイワンタガメ　フック（矢尻）タイプ

ガの幼虫を捕食するクチブトカメムシ　アンカータイプ。重いイモムシもアンカーで簡単には逃がさない

●一般的な口針

多くは口吻が1〜2節間、もしくは3〜4節間（トコジラミなど）で曲がり、曲がった分の長さだけ口針が対象に挿し込まれるメカニズムになっている。

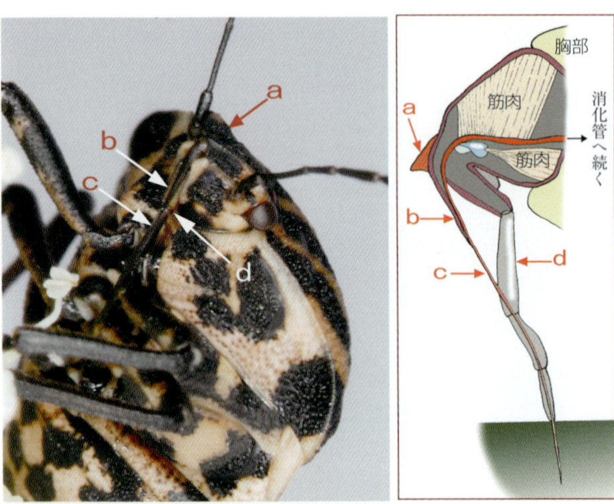

アカスジカメムシの口器　a：頭部前端、b：頭楯（額片）、c：口針（それぞれ1対の大あごと小あごが束状に伸長した細管）、d：口吻（下唇）

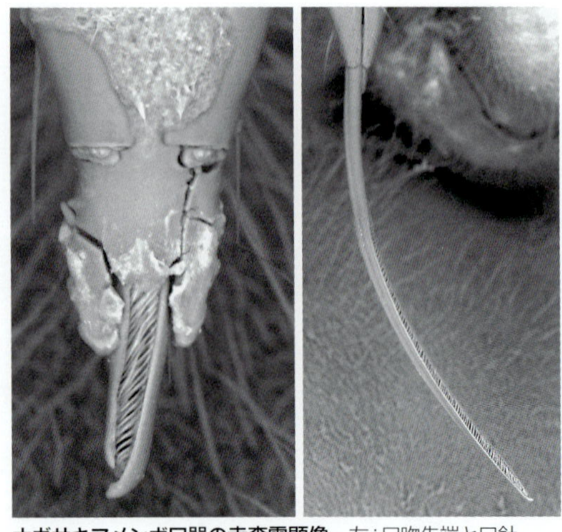

ナガサキアメンボ口器の走査電顕像　左：口吻先端と口針、右：伸長した口針

アカメガシワの蕾を吸うヨツボシカスミカメ　口吻が第1～2節間で「くの字」状に曲がるにつれ、口針がだんだん深く挿し込まれるのがわかる

●意外に複雑な口吻の構造

完全変態類昆虫であるチョウ目やハエ目の昆虫とは、同じような吸収口でも構造や由来が大きく異なっている。

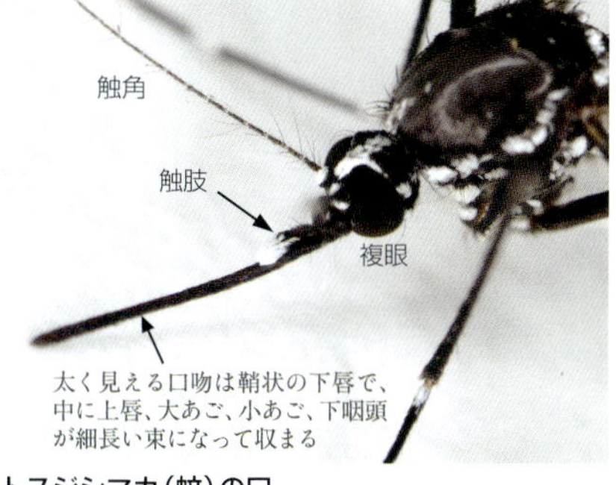

ヒトスジシマカ（蚊）の口

ベニシジミ（蝶）の口器

同じカメムシ目に属するカイガラムシやセミ・ヨコバイ類でも見かけが違っており、それぞれ腹吻群（外観上、口吻が腹側から出る）、頸吻群（喉もとから出る）の分類名で、カメムシ類と分けられている。

キジラミ類の幼虫。腹吻群

ツクツクボウシ（セミ）。頸吻群

●リール（巻き込み収納）型の口針

口吻は固定、口針だけが伸びて対象に挿し込まれる。

ヒラタカメムシ類の口針は、頭部の中にあたかもリールのように巻き込み収納されており、伸ばせば菌類を深い部分まで摂食できるような適応を遂げている
（長島聖大氏原図）

マルカメムシ類では口吻の第2節が多少とも肥厚し、ループ状の口針を伸縮調整できるようになっている種もある

臭腺とそのしくみ

におい物質（臭液）の働き　＝外敵対策 ＋ 集合フェロモン→全員集合
警報フェロモン→外敵接近
性フェロモン→ラブコール？
…といった化学的信号

カメムシの成虫の胸部には1対の臭腺が備わる。人間が捕獲すると、たいてい、この部分からにおいを放出することから、やはり外敵に対する忌避効果は高いと考えられる。ただ、小型のカメムシではどれほどの効果があるかは疑問で、むしろフェロモンとしての役割が大きい。さらに、近縁種間で成分が微妙に異なり、雑交を防いでいる。

●幼虫と成虫で異なる臭腺開口部

成虫は胸部腹面側方の中脚の基部近くに開口し、幼虫は腹部背板に開口する（模式図参照）。おそらく、翅のない幼虫では、背中側に開口した方が防御効果は高いのだろう。成虫では翅に隠れない胸部下側面へ合理的·必然的に開口部が移動する。

幼虫には1～4個の開口部があるものの、複数あってもすべて機能していない場合もあり、グループや齢期によって異なる。成虫になると腹部の開口部は失われるか痕跡的に残るだけだが、性フェロモンの放出部へと機能を変える種もある。

アシマダラクロカスミカメの臭腺開口部　左：4齢幼虫、中：5齢幼虫、右：成虫

アカスジカメムシの臭腺開口部　左：幼虫、右：成虫

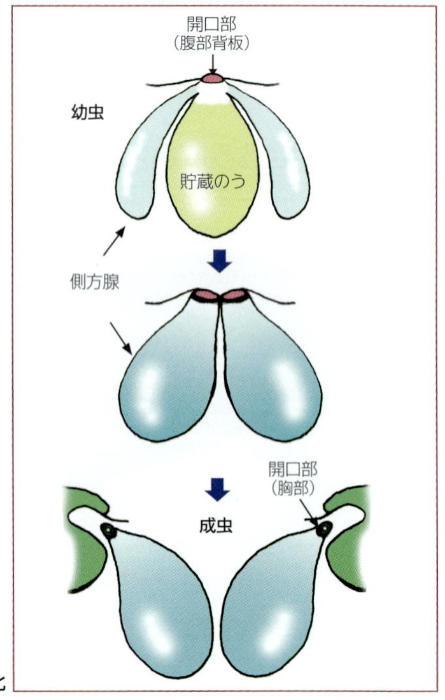

幼虫から成虫に至る臭腺と開口部の変化

●においを拡散させる微細構造

陸生カメムシの臭腺開口域は、一般に臭液を分泌する「臭孔」と付随する「蒸発域」から構成される。滲出したにおい成分は蒸発域で効率的に拡散するしくみになっている。水生カメムシの臭孔は目立たず、形や位置もまちまちで、蒸発域も発達しない。

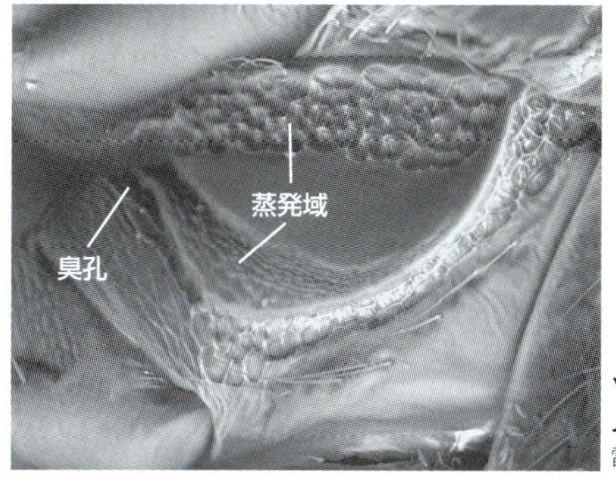

ツヤヒメハナカメムシの臭腺（走査電顕像）

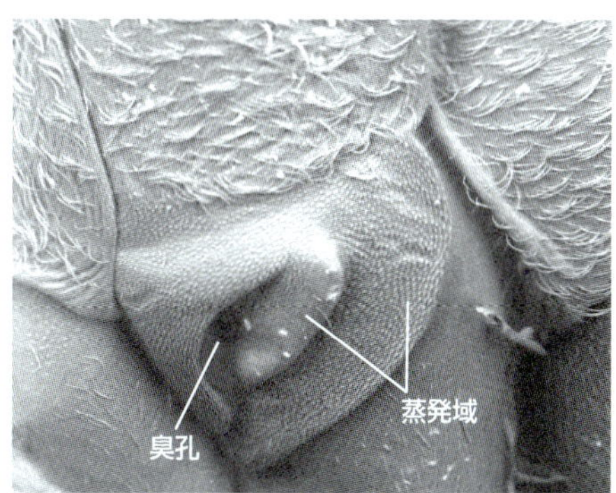

ハギメンガタカスミカメの臭腺（走査電顕像）

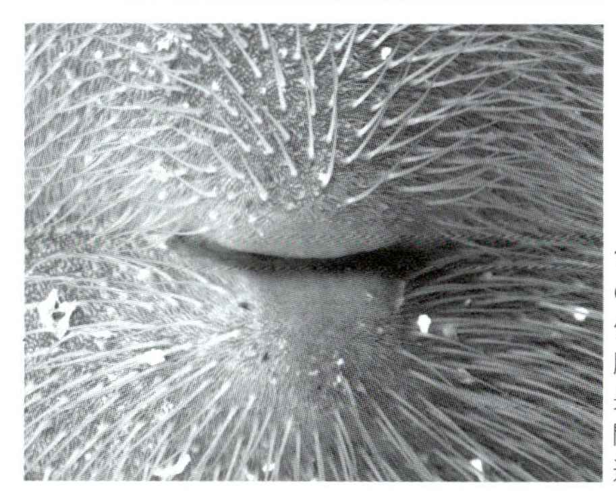

ナガサキアメンボの臭孔（走査電顕像）　アメンボの臭腺は胸部腹面側中央にこぢんまりと開口し、蒸発域が発達しない

メリハリの効いたオオキンカメムシの臭腺

毎シーズン多くの市民を悩ますマルカメムシの臭腺

キマダラカメムシの臭腺

突起を備えたイトカメムシの変わった臭腺

ナミアメンボの臭腺　左：成虫、臭液は醤油色で、飴というより醤油煎餅？のような香りを放つ。右：5齢幼虫の臭孔、アメンボ類では幼虫も成虫と同じ位置に臭腺が開口するが、3齢くらいまでは未発達

においと警告色

■カメムシのにおい

カメムシのにおいのもとは、臭腺から放出される揮発性の有機化合物。種類によって成分構成が異なり、慣れるとにおいだけでグループがわかるようになる…というのもあながち誇張ではない。

●強力な臭液に定評のあるカメムシたち

みかけは小さくて地味であっても、決してあなどってはならない。

吸虫管で吸うほどに喉が痛くなるヒメツチカメムシ

やはり吸虫管採集は奨められないタデマルカメムシ

強烈な酢酸臭を発するオオクモヘリカメムシ

脂ぎった光沢そのままに臭気も強いツヤアオカメムシ

人の皮膚を褐変させるレイシオオカメムシ（フィリピン産）

●カメムシはいいにおい？！

カメムシのにおいは、人間にとって必ずしも「悪臭」と感じられるわけではなく、海外では積極的に食材や香料に利用されている。たとえば、日本で俗に「カメムシパセリ」と呼ばれて嫌われがちな香草コリアンダー（英名）＝パクチー（タイ語）・香菜（中国語）は、アジアを代表する薬味であり、一般的なカメムシのにおい自体、人類（種族）の主観的な嗜好に左右されるというのが実態のようだ。最近はコリアンダーがわが国でもブームになりつつあり、カメムシ愛好者の増加も期待される？ただし、筆者の実体験（偶発的に口に飛び込まれた事故）では、チャバネアオカメムシもマルカメムシも、唇と舌がしびれるほど辛かった。パクチー愛好者も、ゆめカメムシを口にするなかれ。

常にパクチーが香味を添えるインドシナの食膳

一般的なカメムシのいいにおい・悪いにおい

いいにおい	悪いにおい
タガメ…スパイシーな高級香料(^_^)	ヘリカメムシ・ツチカメムシ…強い酢酸系(×_×)
アメンボ…懐かしい飴の甘い（醤油煎餅の？）香り	サシガメ…はき古した靴下
カスミカメムシ…（人工香料的な）花やフルーツ	ヒラタカメムシ…カビ臭い
ツノカメムシ…若葉・若木のような	トコジラミ…えもいわれぬ？悪臭*
？…企業秘密ながら有名ブランド香水の原料にも	マルカメムシ…濃縮された青臭み(×_×)

個人的あるいは地域的な好み
中国やインドシナではカメムシ科も種によって食材や香料に利用(^_^)されるが、中毒例(×_×)もある

(×_×)人間に有害な刺激物含む　(^_^)食品・食材として利用される　＊漢字では「臭虫」とも表記

編集部注：この表には、著者らの「主観」が多少混入しているので、必ずしも科学的裏づけがないことをお断りしておきます。

カメムシのにおいと防御効果

- 人間でもしばしば不快な（ときとして痛い）目に遭うので、相当の防御効果はある。眼や粘膜、傷口に付着すると通院を余儀なくされることも。
- 刺激の強い臭液をもつカメムシ類では、小さな容器やビニル袋にたくさん入れて振ると、自らの臭気成分で悶死してしまうほど。
- 集団となれば、効果倍増。フェロモンとしての伝達機能もあり、集団の一部を刺激すると警報が発令されるらしく、全体が臭くなる。
- ヘリカメムシやツチカメムシは強い酢酸刺激臭、サシガメやトコジラミは何ともいえぬはき古した靴下さながらの（動物性の腐敗臭や屍臭に近い）悪臭を放つ。
- 臭液には2-ヘキセナール、2-ヘキセニル・アセテート、酢酸エステルなど、多くのアルデヒド系有機化合物が含まれる。

■警告色

派手で目立つ色彩斑紋は外敵への警告で、単独・少数では弱くても、群れになると効果は倍増する。

アカメガシワ樹上のアカギカメムシの集団

オオハマボウに群れるシロジュウジホシカメムシ幼虫

●構造色をもつカメムシ

メタリックカラーのキンカメムシ類では、その派手な色彩が多少とも警告色の意味をもつと考えられる。しかし、自然界に存在する色素で金属光沢を表現することはできない。宝石のような光沢を放つカメムシたちは、タマムシやモルフォチョウ同様、光をきらびやかに反射させるミクロの表面構造をもっている。

メタリックグリーンのナナホシキンカメムシ

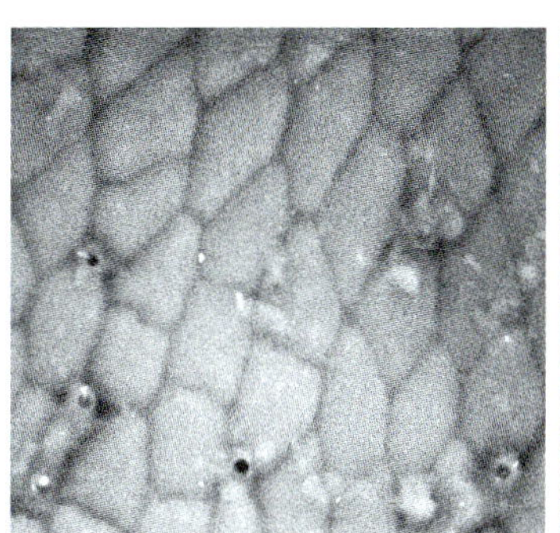

左：ナナホシキンカメムシ前胸背（×2500）、右：ミヤコキンカメムシ小楯板（×10000）走査電顕像。走査電顕で観察すると、いずれもざらついた石畳のような表面構造になっているのがわかる

カメムシの小楯板

昆虫類のなかでも顕著なカメムシの小楯板は、中胸と後胸背板の融合・特化が織りなす独特の構造だ。

小楯板の役割

- ・背面部の強化
- ・翅を安定させる
- ・発音機能を備えるものも[p.46]

ふつうの三角形

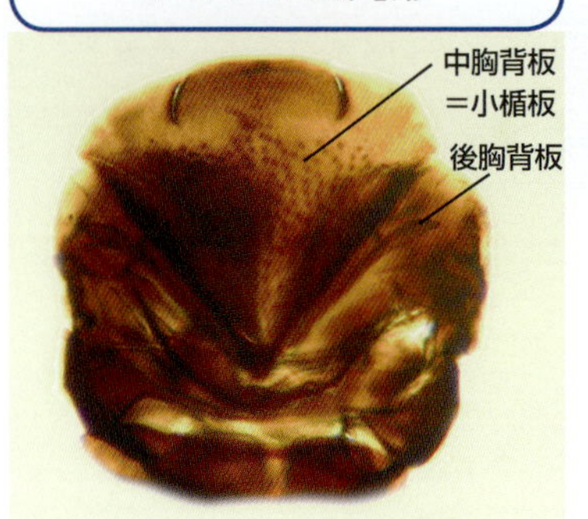

解剖したナミヒメハナカメムシの小楯板

マツモムシは仰向けに泳ぐので確認しづらいがほぼ正三角形だ

三角形だがぽってり肥厚するセダカヒメマルカスミカメ

縮小または未分化

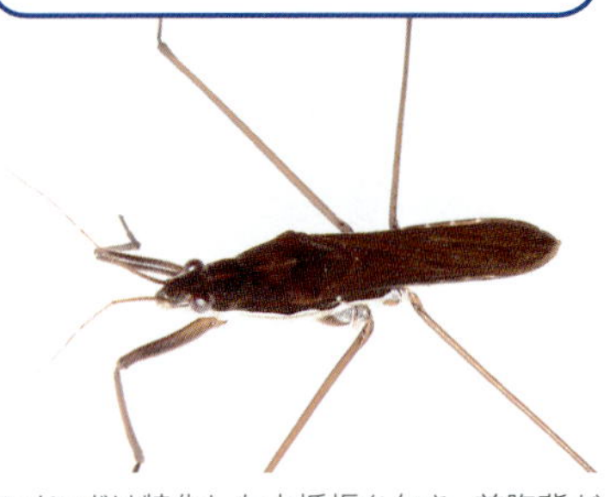

アメンボは特化した小楯板を欠き、前胸背がそれを補うように伸長する（コセアカアメンボ）

ケシカタビロアメンボも前胸背で広く覆われる

ヘクソカズラグンバイ。グンバイムシは前胸にさまざまな構造物を伴い、小楯板が視認しづらいことも多い

棘や突起のある派生形

イトカメムシ。鋭い棘

トゲサシガメ。頭から小楯板まで棘で武装

ウスアカユミアシサシガメ。長く鋭い棘

風変わりな小楯板をもったカトンボカスミカメの一種（台湾産）

分類形質として重要な小楯板

小楯板は厚みや構造がグループや種によって異なる。突起物の有無とか、点刻やしわの刻まれかたなどが重要な分類形質となりうる。バラエティーに富むカメムシ類の小楯板は、ときとして奇天烈な形態をとることがある。そのひとつが熱帯にすむカトンボカスミカメ類の例で、生きながら標本になった（いわば虫ピンを刺された）ような、風変わりな小楯板をもっている。ただ、背中に虫ピンを背負い込む意味はよくわからない。何かに擬態しているのか…プロテクターになるのか…むしろ邪魔くさくはないのか…訊いてみたいものだ。

●発達をきわめた小楯板

・キンカメムシやマルカメムシは半翅鞘をあえて退化させ、小楯板を極端に発達させた。
・背面後半部を完全に覆うことで強度がより増す。
・この形状は速く、より遠くへ飛ぶ能力を強化した。

ミカンキンカメムシ

左：ハラアカナナホシキンカメムシの離陸、右：シャムマルカメムシの離陸；
キンカメムシやマルカメムシは前・後翅とも小楯板の下部に収まっているから、飛翔時も見かけは変わらない

キンカメムシの一種（タイ産）

飛翔能力に長けたキンカメムシ

キンカメムシ類のすぐれた飛翔能力は、小楯板と翅の形態を特化させたことと無縁ではないだろう。
日本のアカギカメムシには固有の個体群に加え、最近ではインドシナ近辺から移動してきた個体群も混在するようになった。また、西日本の温暖な海岸部に生息するオオキンカメムシの移動力にも定評があり、果敢にアルプス越えにチャレンジすることが知られている。こうした事実は、キンカメたちの高い移動・分散能を如実に物語っている。[p.48 移動と分散参照]

小楯板が発達したカメムシ科のハナダカカメムシ；カメムシ科でも種類によっては小楯板が発達する

カメムシの翅

揚力
操舵
前翅 ←

カメムシの前翅は、ほとんどの場合前半部が硬化し、いわゆる「半翅鞘」を形成する。甲虫のように体を補強するメリットがあるほか、飛行時には揚力や方向性を安定させる効果もあると考えられる。いっぽう、キンカメムシやマルカメムシのように、前翅の大部分を二次的に膜質化して飛翔能力を向上させ、発達した小楯板が強度を補うように進化したグループもある。

セミの前翅と後翅（ツクツクボウシ）前翅・後翅ともに膜質のセミやアブラムシを同翅類、カメムシを異翅類と呼ぶこともある

●カメムシの基本的な前翅

カメムシの前翅は硬化する半翅鞘と膜質部に二分されるのが基本だが、グループによって構造がたいへん異なるため、詳しくは第3章各科の解説を参照されたい。

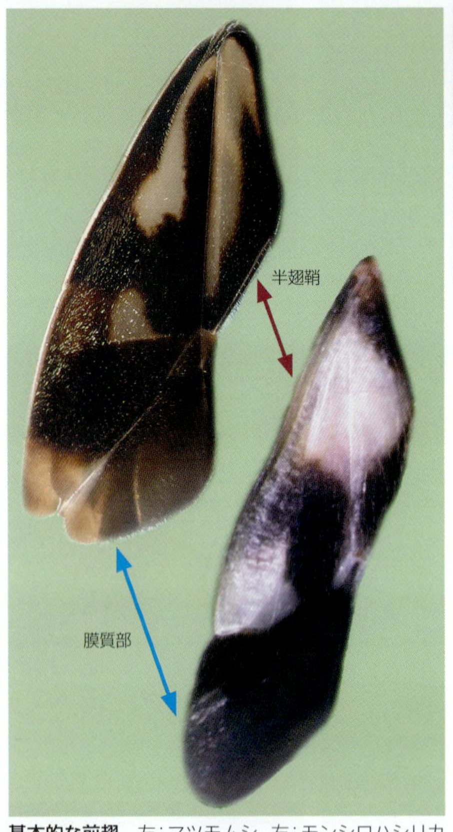

基本的な前翅　左：マツモムシ、右：モンシロハシリカスミカメ

カメムシ類でもっとも原始的なクビナガカメムシ類の翅は、同翅類と似通っている。走査電顕像

●いろいろなカメムシの前翅（半翅鞘）

複雑な網目構造のグンバイムシの前翅（クスグンバイ）

ビロード状のカワラムクゲカメムシ類の前翅は薄くても防水機能にすぐれる

半翅鞘がほぼ完全に透明なシマスカシチビカスミカメ

膜質部の退化した甲虫型のサンゴカメムシ

チャバネアオカメムシの離陸　小楯板があると主翼の役割を果たす半翅鞘が小さいので、キンカメムシ(p.21)より飛び立つ速度もいくぶん劣る

→後翅　推進力

●カメムシの後翅

カメムシの後翅は、甲虫やハチなどと似て常に膜質で、目立った硬化部はない。飛翔時の推進力を産み出す役割を果たし、飛行中はもっともエネルギーを消費する部分でもある。前翅が退化･欠失する場合は後翅も同様に失われる。

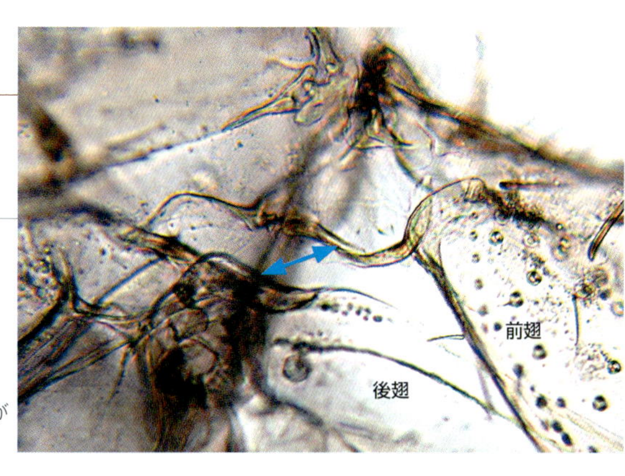

前翅と後翅の基部にはロック構造(↔)があって、前後翅が無秩序に動くのを防ぐ

マルカメムシの前翅(長い方)と後翅

ニセツヤマルカスミカメの前翅と後翅

ハサミツノカメムシ♂の前翅と後翅

●退化した翅ー飛ぶことをやめた？カメムシたちー

寒冷地や高山帯に産する個体群や、越冬成虫など、飛翔する必要の少ない場合に現れやすく、同じ種内で季節や生活環境の相違、性別によりさまざまな翅型が生じることも。

短翅型や無翅型の現れやすい主なグループとして、水生･半水生カメムシ類、トコジラミ科、ハナカメムシ科、カスミカメムシ科、サシガメ科、マキバサシガメ科、フタガタカメムシ科、ナガカメムシ類があげられるが、捕食者の多い科群に偏る傾向が認められる。(p.51 種内変異参照)

ニッポンコバネナガカメムシ(微翅型)

ミズカメムシ(無翅型)

コガタウミアメンボ。ウミアメンボ類はすべて翅をもたない

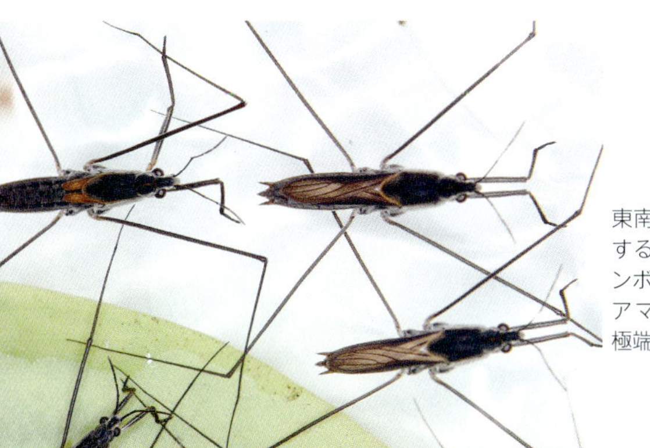

東南アジアに広く分布するネッタイナミアメンボの短翅型(左)ではアマミアメンボ同様、極端に翅が短い

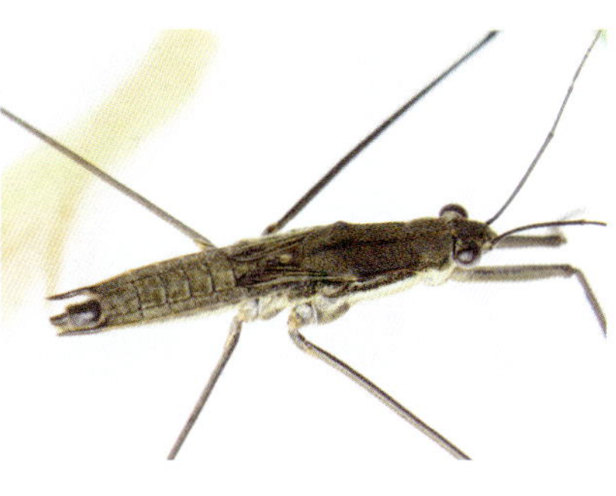

アマミアメンボ。微翅型に近い短翅型

カメムシの脚 ①バラエティーに富んだカメムシの脚

●脚の構造

カメムシの脚を腹面から見てみよう。脚の用途は歩行が基本だが生活様式に応じ前脚、中脚あるいは後脚の形状をさまざまに変化させたものも多い。

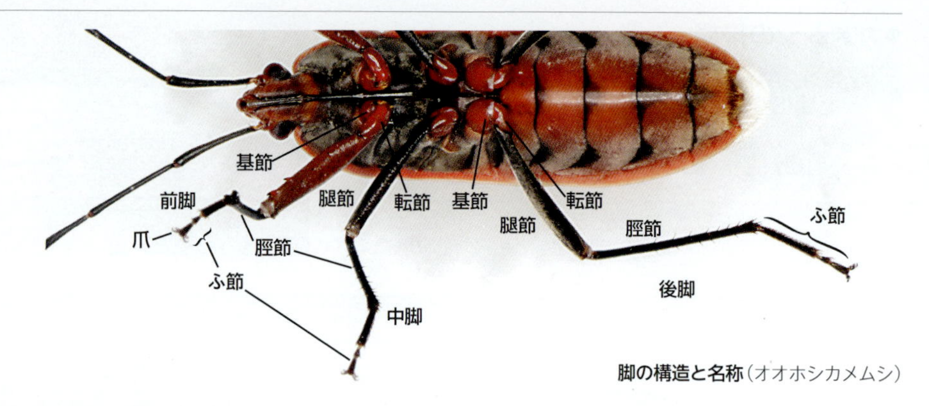

脚の構造と名称（オオホシカメムシ）

●生態に適応したカメムシの脚

ジムグリツチカメムシ。ショベル状の前脚

とらえる
捕食者の前脚は餌をとらえるために前脚が特化する＝捕獲脚。

ユミアシハナカメムシ

アシナガサシガメ

陸上生活者（上）と水中生活者（下）。捕食者の捕獲脚は一見よく似ている

マダラアシミズカマキリ

ガマカスミカメ。太い後脚腿節

戦う カメムシも（主に雌をめぐって）戦うため、脚の一部を闘争用に発達させたものがある。

左：クロスジヒゲナガカメムシ前脚、右：ホオズキカメムシ後脚

タイワンタガメ

東南アジアに生息する巨大アメンボ（*Ptilomera*類）は、比較的流れの強い清流にすむうえ重量もあるせいか、腿節までびっしりと毛を生やしている

●泳ぐための脚＝水生・半水生のカメムシ

昆虫のなかでカメムシほど多彩なスイマーを生んだグループはほかに例を見ない。遠洋で生存できる種を含む数少ないグループでもある（第2章 p.93）。ナベブタムシのように溶存酸素を利用可能で、一生を水中ですごすことのできるものも知られる。水生・半水生のカメムシたちはすべてが捕食性だ。泳ぐための脚ととらえるための脚をあわせもつ種も少なくない。

アメンボの脚には毛が生えている；アメンボの脚には毛がびっしりと生えているのに加え、水をはじく油脂成分を分泌して浮くことを可能としている。そのため、汚水上で生活することはできない。アメンボは、水環境のバロメーターなのである。

アメンボの脚　上：ナミアメンボは緻密な毛、下：ウミアメンボは長い毛

遠洋性ウミアメンボの中脚にはさらに長い毛が生え、浮力を高めている

キイロマツモムシ。捕獲用の前・中脚と漕ぐ後脚、まさに舟を漕ぐ漁師だ

コバンムシの後脚。長い毛が密生し、水をかく

アシブトカタビロアメンボの羽扇のような中脛節。流れのある水面での敏速かつ複雑な動きを可能としている

水面上のアメンボと底の影

水面のアメンボを太陽光下で観察していると、底に独特の影が現れる。この影の按配で、どの脚にもっとも力がかかっているのかがわかる。達人になると、影を見るだけである程度種類を判別できるという。

シマアメンボ

ナミアメンボ

カメムシの脚 ②ミクロで複雑なふ節先端の構造

ふ節の構造がカメムシの歩行能力を左右する。ときとして滑りやすい果実や照葉樹の葉、さらにはガラス面を歩けるカメムシが多いのは、爪の周囲に吸盤の役割を果たす、さまざまな微細構造をもつからだ。これを欠くカメムシは滑面を歩けない。一方、木の幹や朽ち木上だけで生活するカメムシの中には、ふ節先端に爪以外の構造をあえて備えず、ひたすら走るスピードを高めたものもある。

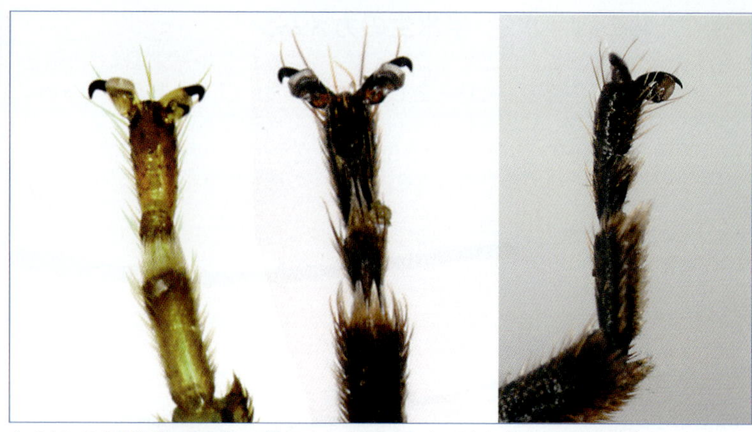

カメムシのふ節先端　左：チャバネアオカメムシ、中：ヒメホシカメムシ、右：オオキンカメムシ

●韋駄天カメムシの苦悩？

深山幽谷でスピードを追求するスプリンターカメムシ・キノコカスミカメたちは、よほど脚に自信があるらしく、追われても滅多に飛ばず、敏速に走り去る。しかし哀しいかな、人間のこしらえたガラスなど知るよしもない。彼らをペトリ皿で飼ってみるとわかるが、ふ節先端には爪のほか、これといった特殊構造をもたないので、ガラス面で滑りまくったあげく餌に戻れず、体力を消耗して死にやすい。飼育する際には気をつかうカスミカメといえる。

ヒゲナガキノコカスミカメ。日本産カメムシきってのスプリンター

ダルマキノコカスミカメのふ節先端、走査電顕像。スプリンターカメムシの爪まわりの構造は単純化され、吸盤の役割を果たす微細構造をもたない

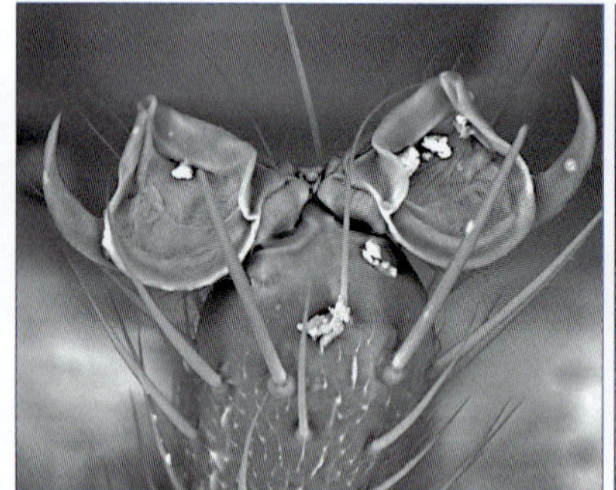

ソデフリカスミカメのふ節先端、走査電顕像。ガラス面にも簡単に吸着できる発達した吸盤様構造をもつ

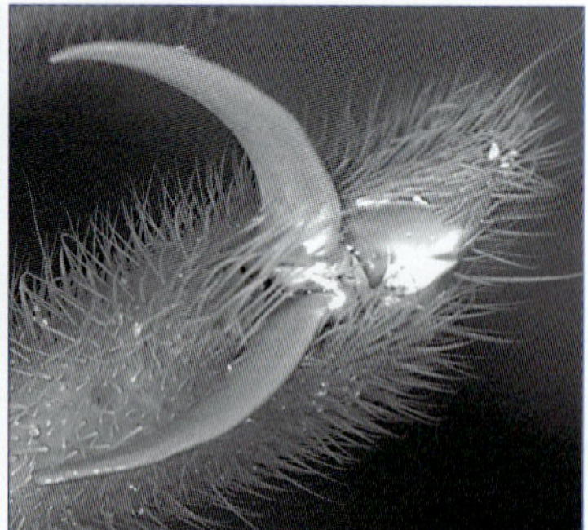

コセアカアメンボのふ節先端、走査電顕像。水面を滑走するアメンボ類にも爪は備わっており、陸上移動も可能

●危険な粘毛を利用するしたたかもの

モチツツジカスミカメは、ねばねばした粘毛を密生するモチツツジ上を平気で走りまわる。この植物の粘毛はくせもので、いろいろな昆虫が捕縛されて死んでいる。この変わったカスミカメは、こうした昆虫の死骸を糧とすることが知られている。外観上、近縁群とふ節に大した違いはないのだが、粘毛に対処する化学物質をもっているのかもしれない。この興味深い事実は、紀州のカメムシ先生こと、後藤伸さん（故人）によって発見された。

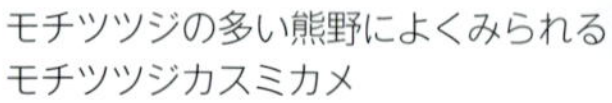

モチツツジの多い熊野によくみられるモチツツジカスミカメ

カメムシだってきれい好き―カメムシたちの身だしなみ―

カメムシの脛節先端からふ節の基部にかけて、しばしばブラシのような毛が密生する。この構造はグルーミング・コーム（脛節櫛）とも呼ばれ、体の清掃に役立っている。「臭いムシ・イヤな虫」と毛嫌いされがちなカメムシであるが、きれい好きで、ちょっとでも塵埃が付くと、すぐにブラッシングをはじめるほどだ。

オオクロナガトビカスミカメ。食後は前脚で口吻を清潔に

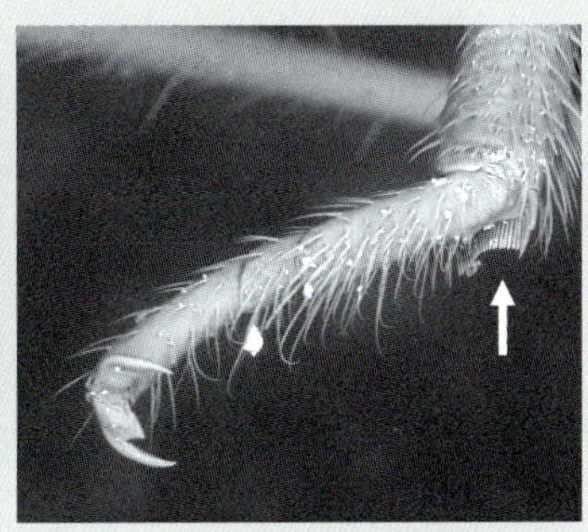
グルーミング・コームの走査電顕像。セスジクロツヤカスミカメ

オオクモヘリカメムシ。後脚で腹部背面をグルーミング

身だしなみにうるさいサンゴアメンボは、まず自慢の装具の整備（手洗い）？

サンゴアメンボにはブラシや櫛がそこかしこに備わる。走査電顕像

クロハナカメムシ。前脚には櫛とタワシ状の構造が備わる。走査電顕像

ミナミマキバサシガメ。前脚で触角（感覚）をとぎすます？

キベリユミアシサシガメ。前脚でもう一方の前脚をグルーミング

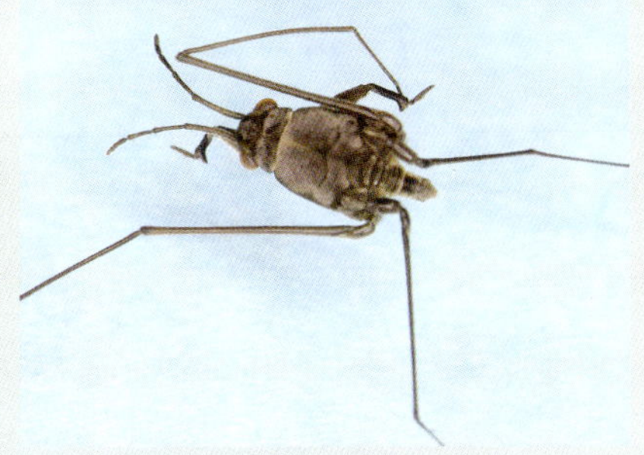
シオアメンボ。アメンボは水面上の生活を維持するため、脚の手入れを頻繁に行う

カメムシの頭部と感覚器官

頭部には食物摂取器官としての口吻(p.14)はもとより、感覚器官が集中する。カメムシの頭のかたちは生活様式に応じて変わるのはもちろんだが、とくに規則性は認められず、種やグループごとに大きく異なる。

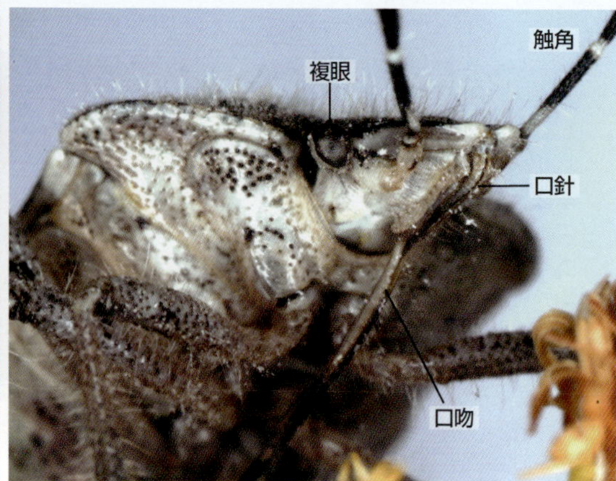

ブチヒゲカメムシの頭部

●複眼と単眼

カメムシの複眼は一般によく発達し、視覚も良いといわれる。コガシラダルマカメムシ類のように、複眼が極端に発達する種もある。いっぽう、単眼はあまり機能していないらしく、いくつかのグループでは完全に消失する。複眼間にも微細な感覚毛があって、異物やゴミの付着を感知できる。

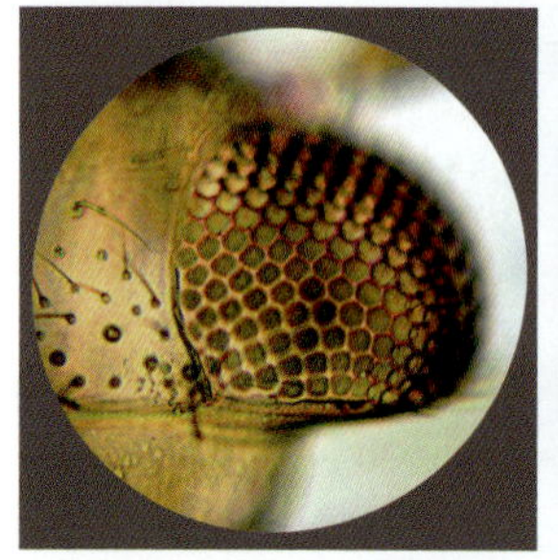
カスミカメムシ複眼の顕微鏡像(単眼はない)

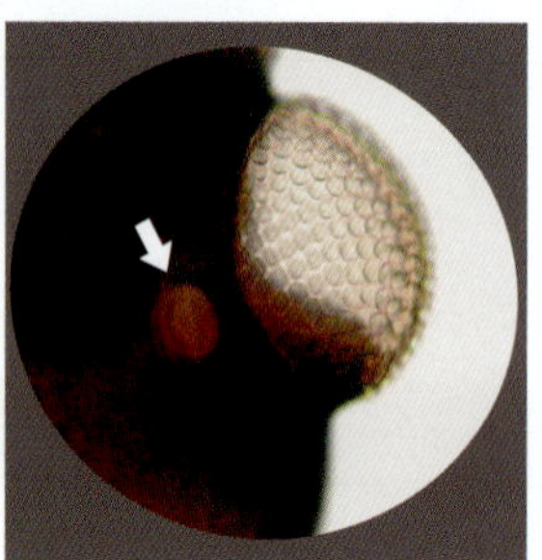
ハナカメムシ複眼の顕微鏡像(単眼がある)

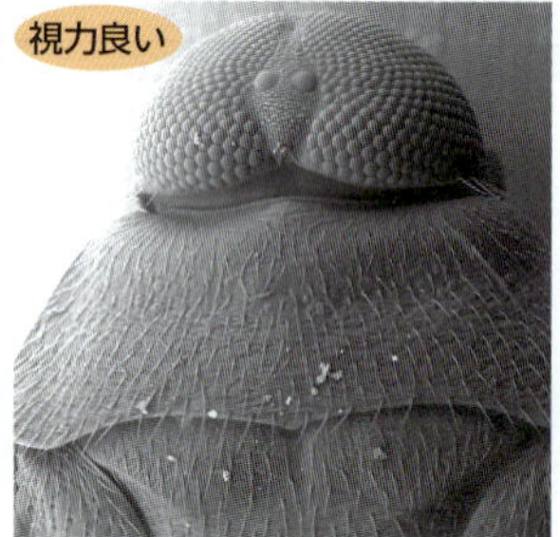

複眼に覆われた(合眼的な)頭。キイロコガシラダルマカメムシ

個眼が少なく配列も乱雑なミヤモトフタガタカメムシ

●眼の色

カメムシの眼の色が遺伝的に変わることは、すでに報告されている。眼の色が違うと、表情もいくぶん変化するように見えるのは面白い。

コミドリチビトビカスミカメに見られる3眼色型　写真左:黒眼型、写真右:白(銀)眼型(左)と赤眼型

●触角

触角はカメムシにとってもっとも重要な感覚器官で、聴覚・嗅覚・味覚の大部分を感知しているという。その形態、長さ、構造はグループによって変化に富むが、いずれの場合も細かい感覚毛でびっしりと覆われている。水生カメムシの触角は一般に短く、確認しづらい。科によって節数は異なる(4〜5節)。
人間のもつ感覚を、しばしば「五感」と称する。すなわち、視覚・聴覚・嗅覚・触覚・味覚のことだ。仏教的表現でいえば「色声香味触」を「眼耳鼻舌身」で感じている。カメムシの場合、五感のうち聴覚・嗅覚・味覚の大部分を、触角が一手にうけ負っている。

長い触角。オオヒゲナガカメムシ

毛むくじゃらな触角。ゴミアシナガサシガメ

奇妙な触角

カメムシで、とりわけ風変わりな触角をもつのが、台湾から東南アジアに分布するヘラヅノダルマカメムシ類である。これらの触角第2節は、あたかもパラボラアンテナのように膨張する。今のところ、この構造がどういう役割をもつのか、まだ説明づけられていない。

マラヤヘラヅノダルマカメムシの触角

短い触角。アシブトメミズムシ

太い触角。ヒゲブトグンバイ

●カメムシ体表のさまざまな毛や棘

五感のうち、触覚は体の各部に生じる毛で感覚されている。とくに明瞭なソケットから生じる長い孔毛は重要な感覚器官と考えられ、振動や音、化学物質を感知しているという説もある。カメムシには感覚毛だけではなく、体を保護する多彩な毛や鱗毛、棘毛が見られ、グループや種を同定する上で欠かせない形質でもある。

ヒメツヤマルカスミカメの各種体毛 t:孔毛、s:棘毛。右:棘毛と長短の毛、走査電顕像

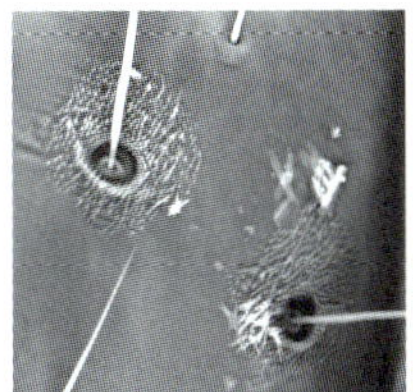

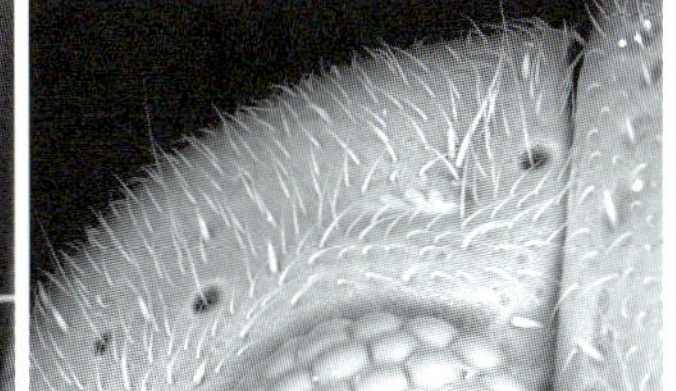

各種孔毛の走査電顕像 左:ナガコガシラダルマカメムシの典型的な孔毛(後腿節)、右:ケシカタビロアメンボの頭頂(複眼の内側)に生じる孔毛

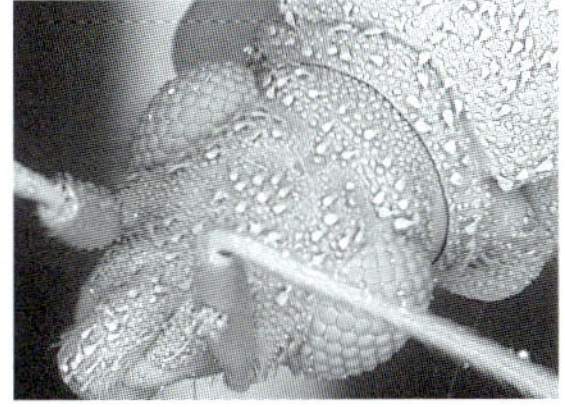

ギンリンキノコカスミカメにはへら形の鱗毛が散布される。走査電顕像

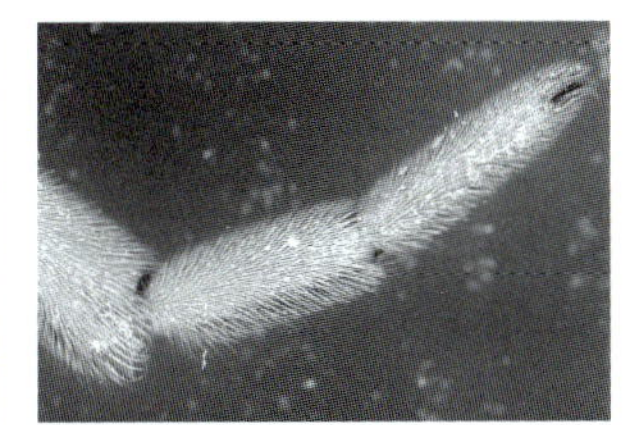

アマミアメンボのふ節を密に覆う毛は、感覚と水面滑走を司る重要な構造。走査電顕像

カメムシの腹部 消化器・循環器・生殖器・呼吸器

これらの器官が腹部に集中するのは他の昆虫と大差ないが、水中に進出した種が多いため、カメムシの呼吸器の特殊化はきわだっている

●カメムシの消化器

消化器の概念図；キマダラカメムシ5齢幼虫

●カメムシの循環器

カメムシは腹部の中央に細長い心臓をもち、放射状の翼状筋が付属している構造だ。

循環器の概念図；マツモムシの心臓

●カメムシの生殖器

生殖器（とくに雄）の形態は著しく変化に富み、カメムシを分類する上でもっとも重要な形質となる。しかし、これらを観察するためには化学薬品で処理したのち、実体顕微鏡下で解剖しなければならない(p.188 交尾器の観察参照)。ここにはカスミカメ類2種の概念図とナミアメンボの解剖写真のみを示す。

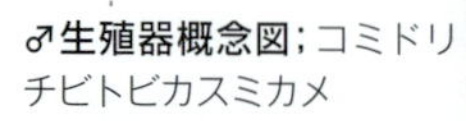
♂生殖器概念図；コミドリチビトビカスミカメ

♀生殖器概念図；アシアカクロカスミカメ

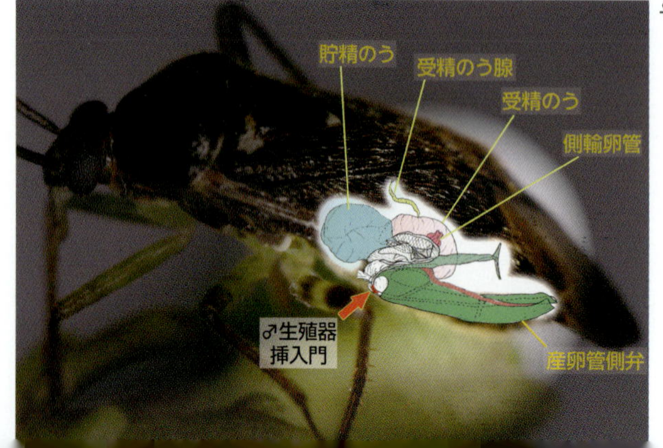

ナミアメンボの生殖器；
左：♂、右：♀

●カメムシの呼吸器

ほかの昆虫同様、気門から酸素を取り入れて呼吸するのが基本形。

キバラヘリカメムシの気門

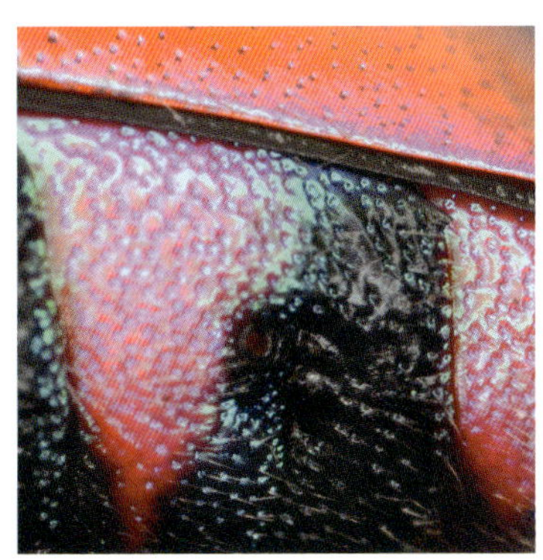
オオキンカメムシの気門

ブチヒゲカメムシの気門

セスジアメンボの気門

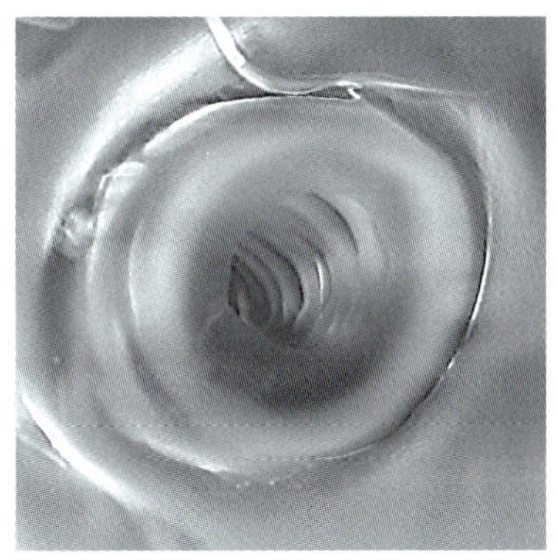
ズアカシダカスミカメの気門。走査電顕像

水中生活者の呼吸術

空気をためる　マルミズムシ。気泡を抱えている

プラストロン呼吸＝アクアラング方式
マツモムシ（左）のように、毛を密生してアクアラングのように空気をためる呼吸法。マツモムシのほか、コバンムシやナベブタムシもこの呼吸法をとっている。なお、カメムシで鰓をもつものはいないが、溶存酸素を取り込める種もある

呼吸管の先端を水中から出して呼吸するシュノーケル方式
左：ミズカマキリ、右：タイワンタガメ

配偶行動と交尾様式

■配偶行動

ヒメナガカメムシの配偶行動　出会った♀（画面左）を♂（画面右）が側方から抱き寄せ交尾成立。最後は後ろ向きになるが、いったん交接すると♀が蹴っても簡単にはずれない

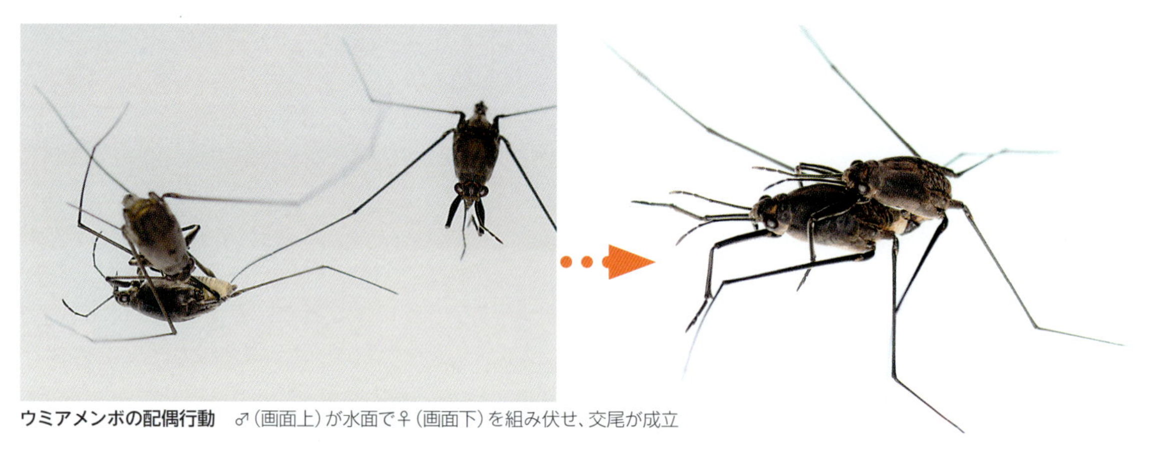

ウミアメンボの配偶行動　♂（画面上）が水面で♀（画面下）を組み伏せ、交尾が成立

●雄が雌を確保

オキナワツヤキノコカスミカメの雄成虫は、個体群密度が高い状況下では、配偶者を終齢幼虫時に確保するという行動をとる。雄成虫は棘のある頭楯と湾曲した触角を使って雌終齢幼虫の背にしっかりしがみつき、交尾OKとなる羽化の暁を飲まず食わずで待っているのだ。こうした例はカメムシでもめずらしいが、雄と雌の出会いは必ずしも偶然まかせではなく、フェロモンや音によってあらかじめ連絡がついている場合もある(p.46 発音とコミュニケーション参照)。

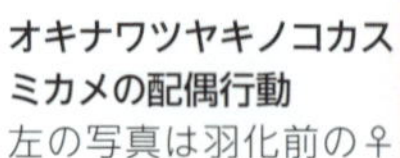

オキナワツヤキノコカスミカメの配偶行動
左の写真は羽化前の♀（画面左）と♂成虫（画面右）。♂成虫は♀の幼虫をあらかじめ確保し、♀が羽化するとすかさず交尾する

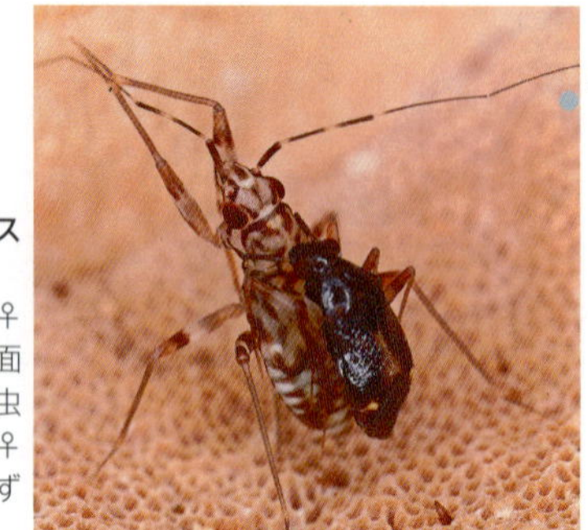

■交尾様式

カメムシの交尾様式はグループによっておおむね異なる。雄が雌の背中にマウントする、雌雄が反対向きになる、V字型に傾くなど、違った体位が観察される。

マウントする　左：コブチヒメヘリカメムシの交尾、右：ケシウミアメンボの交尾。カタビロアメンボ類の♂は交尾時行儀よく脚を折りたたむ

反対向きになる　左：エサキモンキツノカメムシの交尾、右：ヘクソカズラグンバイの交尾

V字形に傾く
左：ノコギリヒラタカメムシの交尾、右：クロハナカメムシの外傷型交尾（下参照）

Traumatic insemination（外傷型交尾）

トコジラミ上科のカスミカメムシ科、トコジラミ科、ハナカメムシ科などで確認されている、痛々しい？交尾様式。こうした種では、雄の挿入器が鋭く尖り、雌の腹部（腹板）を任意に突き通して精子を渡す。結果、交尾済みの雌の腹部には、くっきりと孔が穿たれてしまうことになる。トコジラミでは、雄から腹部をあちこち突き刺され、死んでしまう雌もあるという。

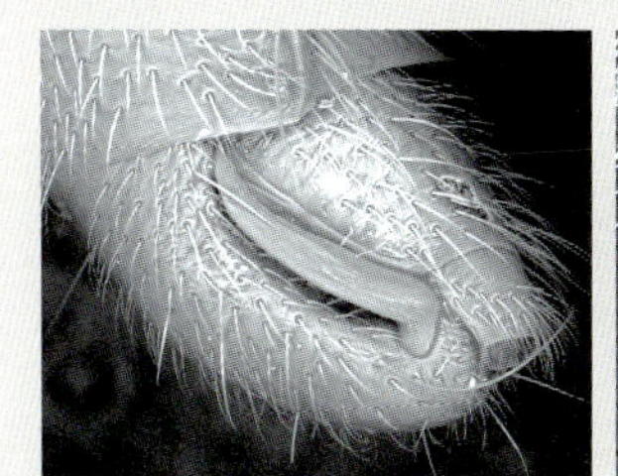

クロハナカメムシ♂の刀身のような生殖（挿入）器。走査電顕像

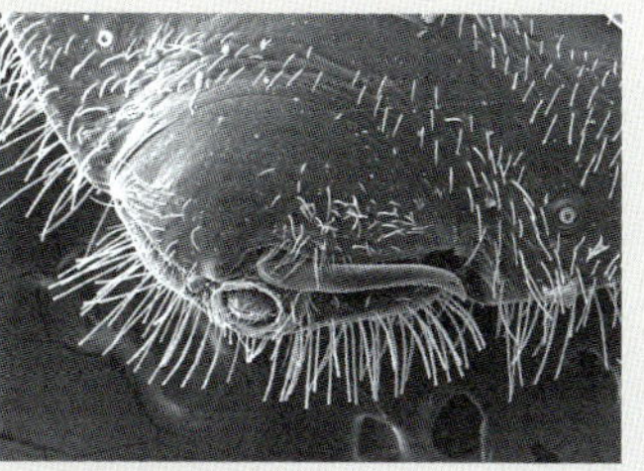

先鋭なトコジラミ♂の生殖（挿入）器。走査電顕像（山田量崇氏原図）

コウモリトコジラミ♀腹部の交尾痕。かさぶた状になった2箇所が確認できる。走査電顕像

産卵と卵

ネッタイナミアメンボの産卵

■産卵

カメムシの1回あたりの産卵数は一般に卵巣小管数と相関し、6対の卵巣小管をもつ種なら、1ダースの卵が産まれる勘定になる。

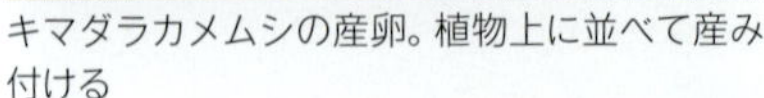
キマダラカメムシの産卵。植物上に並べて産み付ける

ソデフリカスミカメの産卵。産卵管を突き立て〜産卵管を深く挿入して卵を産み込む

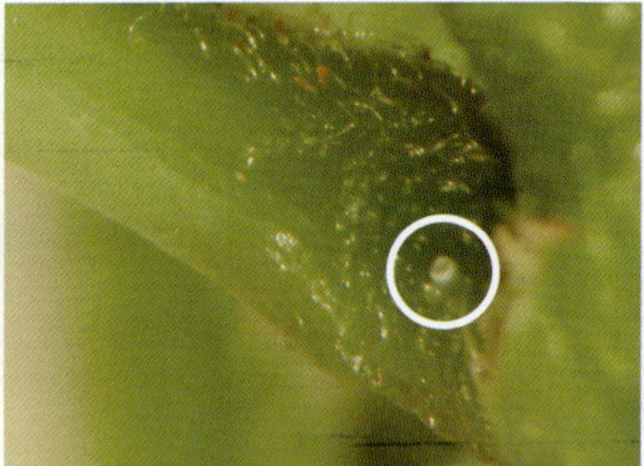

ネムノキの若い茎に卵を産み込むナミヒメハナカメムシ。左：のこぎり状の産卵管を左右交互に動かしながら植物組織を掘り進み、卵を産み込む。中：卵は卵蓋（後述）のみ露出する。右：その模式図

●カメムシの産卵管

植物に卵を産み込むカメムシは腹部中央に「産卵管」を備える。先端は鋭く、のこぎり状になっている。

産卵管　左：オオマダラカスミカメ。鋭い切っ先、右上：ネッタイヒイロカスミカメ、右下：タイリクヒメハナカメムシ。走査電顕像

慈母の遺産：共生菌カプセル

カメムシの中には、産卵の際に共生菌の入った排泄物を卵塊に添え、子供たちに遺しておくものがある。卵の間にある褐色〜チョコレート色をした小さな塊がそうだ。これはいわゆるピジョンミルクのような役割をもち、孵化した幼虫はまず共生菌を摂取する（次項冒頭参照）。

マルカメムシの共生菌カプセル

■卵

カメムシの卵は親のサイズの割に大きいといえる。ときに母虫の体長の1/4を超える卵もあり、ミヤモトフタガタカメムシでは、卵の長径が母虫の腹部長の半分程度に及ぶ。

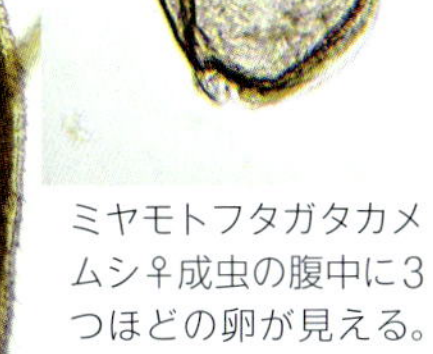

ミヤモトフタガタカメムシ♀成虫の腹中に3つほどの卵が見える。写真右は腹部から摘出した卵

●卵のフタ＝卵蓋

カメムシの卵殻には、卵蓋と呼ばれるフタが付いていて、孵化する幼虫はいわば缶切りのような備わった構造物(卵蓋破砕器：次項参照)でフタを開け、産まれてくる。卵蓋の微細構造（模様）は種類で異なり、多くの研究者が観察・報告している。水生カメムシの卵は一様な楕円形〜長楕円形で、卵蓋はない。

キマダラカメムシ卵蓋の走査電顕像

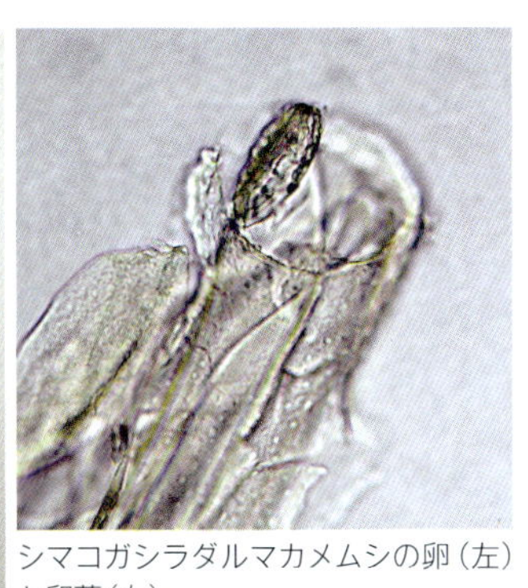

シマコガシラダルマカメムシの卵（左）と卵蓋（右）

植物組織内（産み込み）	植物や構造物上（並べる）	ランダム（ばらまく）
カスミカメムシ科 グンバイムシ科 ハナカメムシ科の一部など	カメムシ科、マルカメムシ科 ツノカメムシ科、キンカメムシ科 コオイムシ科、アメンボ科など	トコジラミ 産卵管のないハナカメムシ サシガメ科など

●カメムシの卵あれこれ

カメムシの卵は種によって大きさや形が異なることが多く、卵だけでグループや種を特定することも難しくない。

ポータブルなボール状のベニツチカメムシの卵塊

これも持ち運べるミツボシツチカメムシの卵塊

コオイムシの卵は父親の背中に産み付けられる

フタに取っ手までついたようなスカシヒメヘリカメムシの卵

ヤマモモに産まれたクサギカメムシの卵は28個あった

面白い縞模様のついたチャイロクチブトカメムシの卵

やや発生の進んだニシキキンカメムシの卵

イトカメムシの卵には1対の突起がある

半分ずつ産み込まれたアワダチソウグンバイの卵

砲弾型で直立するサンゴアメンボの卵

孵化前後 ①

キマダラカメムシの孵化直前（左）と直後

孵化した幼虫たちは、まず共生菌カプセルに突進して摂取する。しばらくは押し合いへし合い、ひと騒動だ

摂取が終わった順に卵の殻を囲むようにぐるりと整列し、一段落。共生菌カプセルもすっかり吸い尽くされた

●孵化間近の卵では、殻越しに初齢幼虫の姿が透けて見えるようになる。多くの場合、破砕器（カッター）もはっきりと確認できる。

クサギカメムシ。左から孵化約40時間前〜孵化約8時間前〜孵化間近

ナミアメンボの孵化直前の卵。額に十字架の形をした構造物（卵殻カッター）が見える

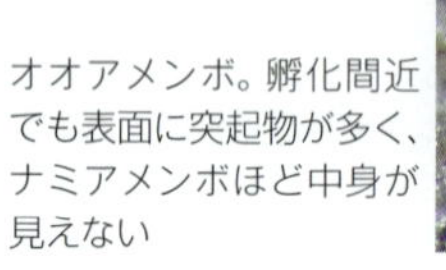

オオアメンボ。孵化間近でも表面に突起物が多く、ナミアメンボほど中身が見えない

●卵蓋破砕器

T字形、Y字形、三角形などグループや種によって形が変わる。アメンボの場合、卵蓋はないので破砕器というより十字形カッターのような構造物となる。いずれも孵化後は卵の殻とともに残され、アメンボの場合、あたかも十字架を掲げた棺のようだ。

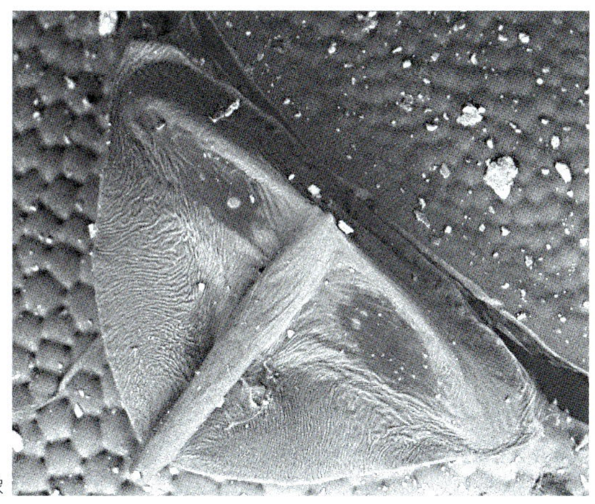

キマダラカメムシの破砕器の走査電顕像

孵化直後のクサギカメムシ1齢幼虫と破砕器

ミナミアオカメムシの破砕器はT字形で細い

ナガサキアメンボの孵化直前（左）～直後（右）。孵化後、十字形カッターが残されている

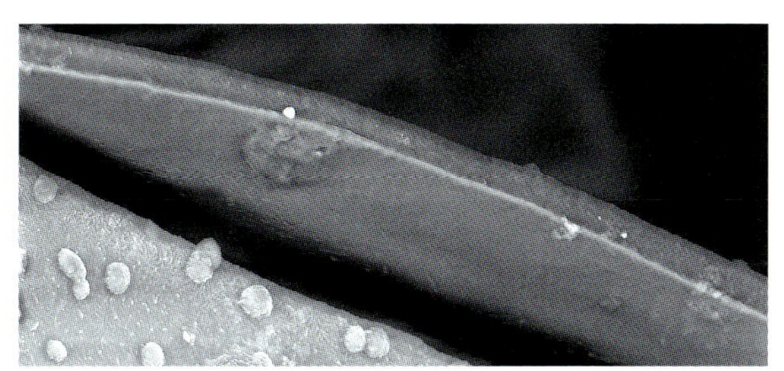

見事に両断されたナミアメンボ卵殻の切り口。走査電顕像

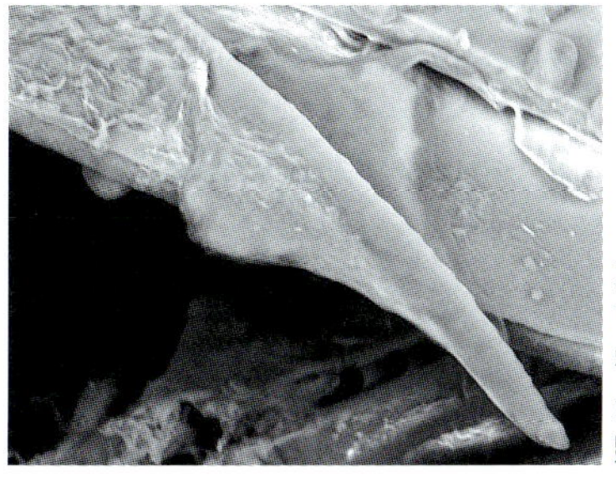

刃の厚さわずか2μm、アマミアメンボの十字カッターも名刀さながらの切れ味。走査電顕像

孵化前後 ②

■さまざまなカメムシの孵化

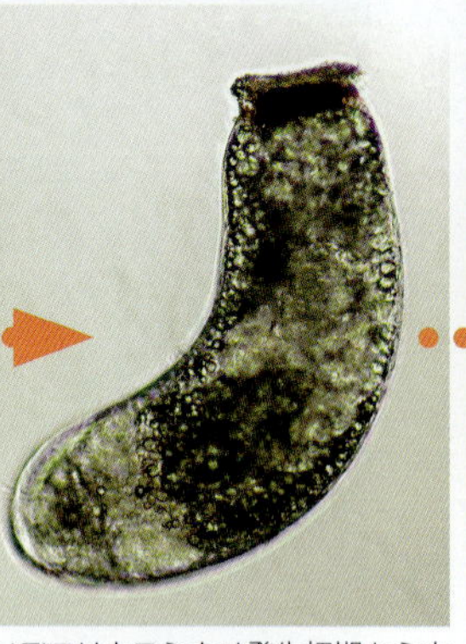

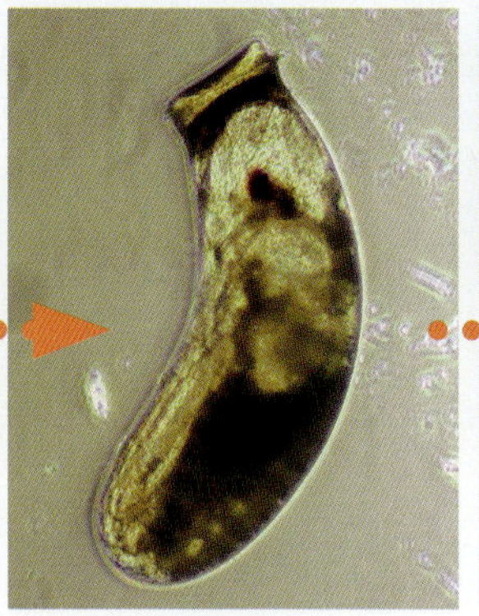

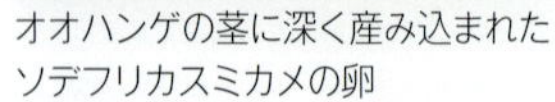

オオハンゲの茎に深く産み込まれたソデフリカスミカメの卵

ソデフリカスミカメ発生初期から中期の卵（位相差顕微鏡像）

孵化が近づいた卵には紅い複眼が認められる（位相差顕微鏡像）

ソデフリカスミカメの孵化

マルカメムシの孵化　左：破砕器を使って卵蓋を破ろうとしている、中：卵蓋が開き1齢幼虫が出ようとしている、右：孵化直後、共生菌を摂取する1齢幼虫

ナガサキアメンボの孵化　水中で孵化した幼虫は急いで水面に浮上しなければ溺死してしまう

幼虫と成長 ①

不完全変態の昆虫では、成虫と幼虫の外観はおおむね似通うという特徴がある。キンカメムシなどは幼虫もメタリックで美しい。いっぽう、成虫と幼虫がまったく違うような例は、いくつかの科で見られる。

ナガサキアメンボの成·幼虫が混在する波打ちぎわ

ゲットウグンバイの成·幼虫とその捕食者ミナミグンバイカスミカメ5齢幼虫（矢印）がバナナの葉裏に混在

エビイロカメムシ幼虫の齢期
①：1齢幼虫、写真右は横から見たもの（丸みを帯びる）
②：2齢幼虫（2齢以降扁平になる）
③：3齢幼虫
④：4齢幼虫
⑤：5齢幼虫

幼虫と成長 ②

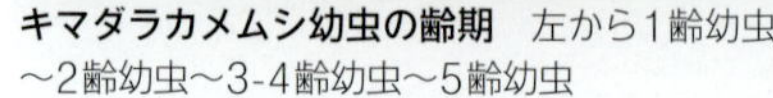

キマダラカメムシ幼虫の齢期　左から1齢幼虫～2齢幼虫～3-4齢幼虫～5齢幼虫

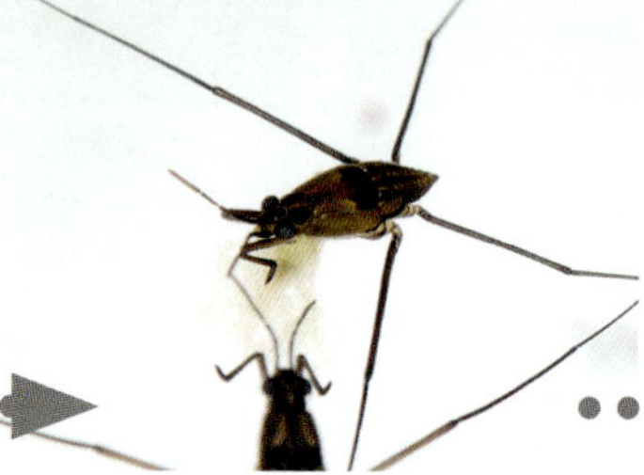
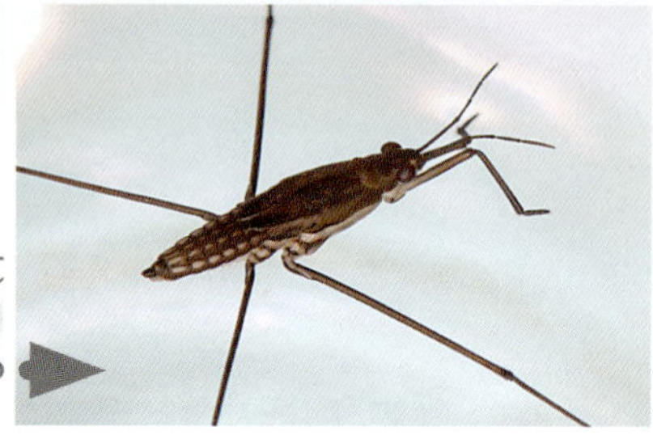

ナミアメンボ幼虫の齢期　左から1齢幼虫～3齢幼虫～5齢幼虫

●発生サイクルと化性

昆虫で毎年1回だけ成虫が発生するものを1化性、2回なら2化性、多数回の場合は多化性と呼ぶ。日本本土においては、大多数のカメムシの発生サイクルは年1化性か2化性にとどまり、年3回以上発生する種はごく少ない。いっぽう、亜熱帯の南西諸島では、周年を通じて発生を続けるものがあり、年何化なのかはっきり特定できないことがある。

●各齢の幼虫と成虫が仲良く集合

このような生活様式をもつ種は熱帯起源であることが多い。なぜなら、温帯や寒冷地生息種では、発生段階が時期に応じてある程度そろうのが理にかなっており、成虫と若齢幼虫が同時に存在する状況は（多化性のものを除き）まず現れない。多化性アメンボの若齢幼虫から成虫までが水面に見られることもあるが、若い幼虫は老熟幼虫や成虫に捕食される危険をはらみ、仲むつまじいベジタリアンのカメムシとは趣を異にする。これらの群集は亜社会性か側社会性か定義しづらく、さらなる研究が必要だ（p.44 子の保護・育児：カメムシの亜社会性参照）。

ソデフリカスミカメの各齢幼虫と成虫が混在

ヘクソカズラグンバイの各齢幼虫と成虫が混在

●幼虫の形態と性差

若齢幼虫での雌雄の区別はほとんど不可能だが、4〜5齢まで育つと性差はかなり明確になる（とくに腹部先端の形状に差異が現れる）。また、成虫で区別困難な酷似種どうしであっても、5齢幼虫の識別が意外に簡単なこともある。
若齢期には成虫の姿が想像しにくい場合が多いものの、齢期が進むにつれ、成虫の形態に近づく。

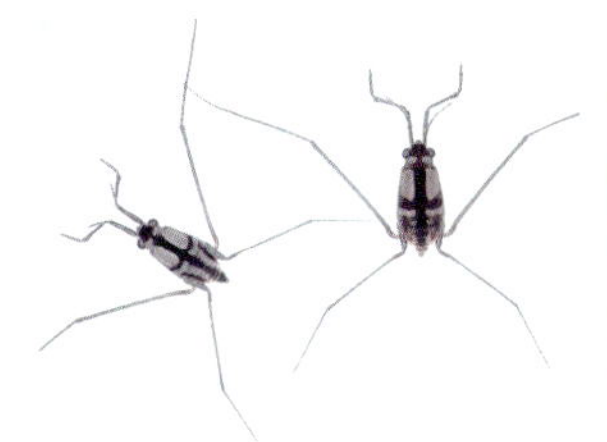

シロウミアメンボの終齢幼虫（左：♂、右：♀）

グンバイカスミカメの終齢幼虫♂

サトクロツヤチビカスミカメ幼虫（左側の紅い3齢幼虫と右側のチョコレート色の5齢幼虫♀）、写真右は成虫♂

●終齢幼虫と成虫

終齢幼虫と成虫で形や色が似ている種もあれば、あまり似ていない種もある。比べてみよう。

ナナホシキンカメムシ。左：終齢幼虫、右：成虫

クスグンバイ。左：終齢幼虫、右：成虫

シロヘリツチカメムシ。左：終齢幼虫、右：成虫

マルカメムシ。左：終齢幼虫、右：成虫

オオメダカナガカメムシ。左：終齢幼虫、右：成虫

ナガコガシラダルマカメムシ。左：終齢幼虫、右：成虫

ミズカマキリ。左：終齢幼虫、右：成虫

脱皮と羽化

節足動物であるカメムシは、脱皮を繰り返して成長する。幼虫齢期は基本的に5齢なので、成虫になるまで都合5回の脱皮を要する。成虫への最後の脱皮（終齢幼虫→成虫）を羽化と呼ぶ。

ソデフリカスミカメの脱皮殻

脱皮

タイワンツヤカスミカメ幼虫の4齢から終齢への脱皮

●羽化の準備

終齢幼虫の発育がいよいよ佳境を迎えると、羽化の前兆（とくに翅包の着色）が認められるようになるが、表皮の厚いグループや全体的に暗色の種類ではわかりにくいことが多い。羽化が間近になった個体はじっと静止し、ときに体を震わせたり、収縮させるようなしぐさが観察される。基本的にセミの羽化とよく似ているが、カメムシの場合、臭腺開口部の大移動が起こる（p.16 臭腺とそのしくみ参照）。

羽化

ミナミアオカメムシの羽化

カメムシの羽化そのもののプロセスは5分もあれば完了するが、成虫体がしっかりかたまって着色するまで数時間かかる。羽化直後の成虫はまだ柔らかく、全体的に赤っぽいか白っぽいことが多い。黒っぽくて目立たないカメムシも、羽化直後はあたかも妖精のような風情がある。

羽化の最終プロセスに入ったニシキキンカメムシ

羽化直後のシロヘリツチカメムシ成虫

羽化直後のナシカメムシ成虫（画面右）

羽化直後のヨコヅナサシガメ成虫

昆虫の社会性とは？

- 社会といっても基本的には血縁集団で構成されるコミュニティーを指し、人間社会とはニュアンスが大いに違う。
- 明確な"亜社会性（血縁のある集団形成）"が確認されているグループは、日本ではコオイムシ科、ツノカメムシ科、ツチカメムシ科、キンカメムシ科に限られ、"側社会性（血縁のない集団形成）"をもつと考えられる種類はカスミカメムシ科、ヒラタカメムシ科など多くの科で認められる。
- クワズイモカスミカメ類のように亜社会性と側社会性の中間的な群集構造をもつものも知られる。

亜社会性をもつカメムシでも、さすがに終齢まで面倒をみてくれる過保護な親はまれで、3〜4齢になると親離れする（というより、がんばってきた父母が力尽きて大往生する）。むしろ親がいちいちつきそわないのが普通の姿であり、多くのカメムシたちは、大体2齢ないし3齢くらいまでは幼虫同士身をよせ合い、群れをつくって集団生活するが、成長とともにグループは縮小し、単独生活するようになる。

（次項「子の保護・育児：カメムシの亜社会性」参照）

謎の穴は何のため？ ―走査電顕の話―

中高生でも比較的簡単に扱える走査型電子顕微鏡（走査電顕）が開発され、かつて見ることが不可能だった微細構造を気楽に眺められる時代となった。この恩恵で、見過ごされていた謎の器官が、続々と明るみに出ている。小さな穴の内部を数千倍に拡大して覗くことができるようになって、そこに何らかの構造物が確認できれば、分泌腺もしくは感覚の受容体らしいと推定しうる。しかし、こうした小孔が果たしている機能を正しく証明するのは至難の業だ。このような、役割不詳の形態的構造物はまだまだたくさん存在する。構造を見つけるのは容易でも、その正体がわからなければジレンマがつのり、結局見なかったことにしようとなってしまう？

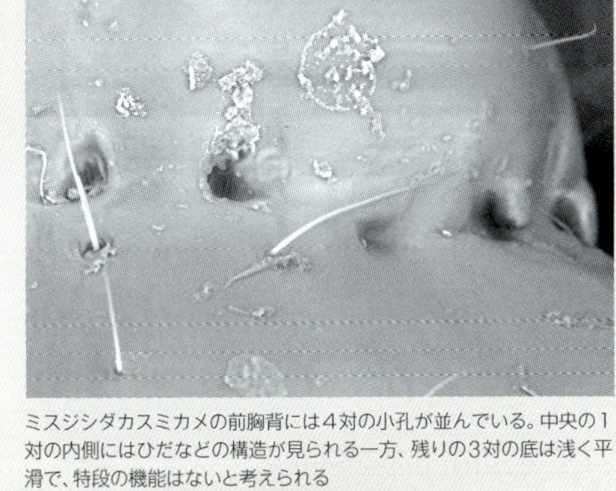

ミスジシダカスミカメの前胸背には4対の小孔が並んでいる。中央の1対の内側にはひだなどの構造が見られる一方、残りの3対の底は浅く平滑で、特段の機能はないと考えられる

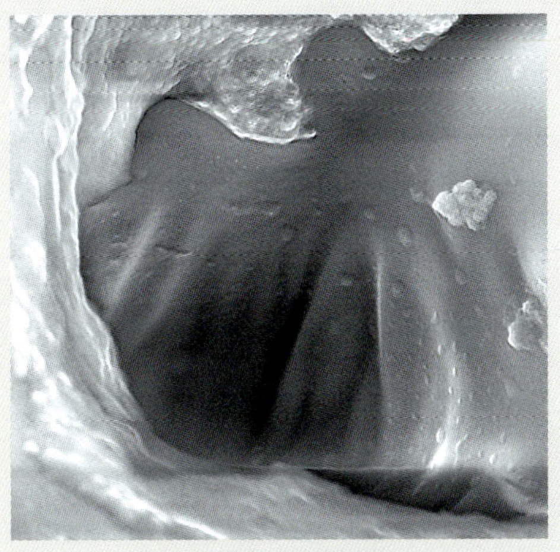

ミスジシダカスミカメ小孔の内部、6000倍で観察

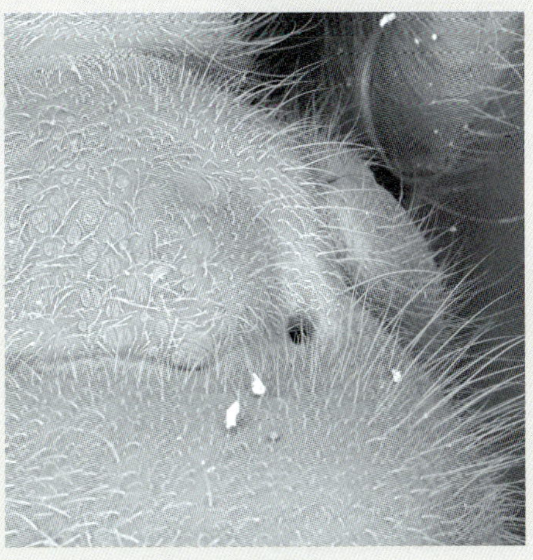

クビナガカメムシ類に見られる前胸背の孔

子の保護・育児 カメムシの亜社会性

カメムシでは、分業や階層の発達した真社会性は見つかっていないが、わが子を保護する行動（亜社会性の一種）はいくつかの科にわたって知られている。卵や幼虫を一定期間保護する親をはじめ、保護だけでなく餌まで運んでくれる子煩悩な親もいる。

●カメムシの育児

卵を保護する（母親） 左：ミツボシツチカメムシ♀による卵保護、右：エサキモンキツノカメムシ♀による卵保護

幼虫を保護する 左：ミツボシツチカメムシ、右：エサキモンキツノカメムシ

卵を保護する（父親） 背中に産み付けられた卵をもつコオイムシ♂

父親が孵化まで卵を守るタイワンタガメ
（タイ・カラシン県、B. N. Rungrueang氏原図）

卵の保護液

ツノカメムシ類の雌成虫は、腹部後方に1〜2対の"ペンダーグラスト器官"と呼ばれる構造を備え、ここから出る分泌物を後脚を使って卵に塗布する。卵の保護に効果があるというが、慈母のかいがいしさが伺える。

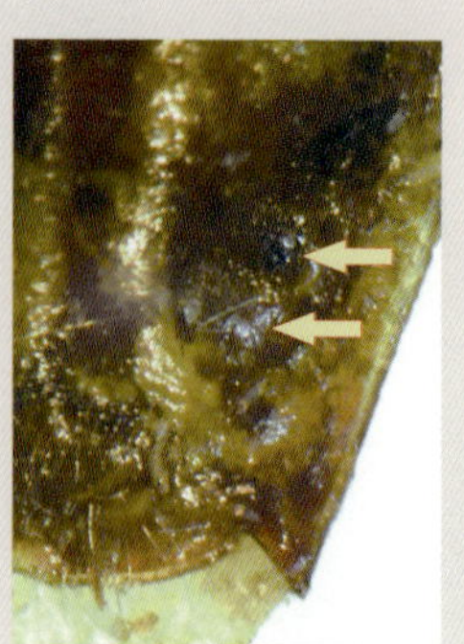

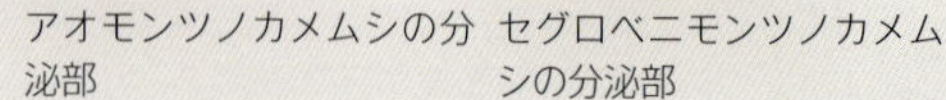

アオモンツノカメムシの分泌部　セグロベニモンツノカメムシの分泌部

●側社会性をもつソデフリカスミカメ

血縁関係を問わない同種だけで構成される集団を形成し、行動パターンに規則性が見られる。

ソデフリカスミカメの集団。左：成虫、右：幼虫

■ベニツチカメムシの子育て日記（長崎県における定点観察例）

①：5月25日：初夏、ボロボロノキに実がなる頃成虫が集まってくる
②：6月19日：母親は地上に降りて産卵
③：6月30日：孵化した子供（幼虫）たちにせっせと餌を運ぶ。5m以上の道程をものともしない
④：7月28日：幼虫は5齢になると独り立ちし、やがて近くの樹にいっせいに登って羽化する。羽化した成虫は間もなく分散する

発音とコミュニケーション

においだけではない。
さらなるカメムシの情報伝達手段

カメムシにも発音する種が存在する。セミやキリギリスのような、人間に聞こえるほどの音を出すカメムシはまれだが、身近なミナミアオカメムシやホソヘリカメムシが、音（振動）を同種間のコミュニケーション手段としていることが知られる。発音はもっぱら配偶行動に利用されるが、亜社会性をもつカメムシでは親子の連絡にも使われるようだ。セミや秋の鳴く虫を代表する直翅類では雄のみが発音するのに対し、カメムシでは雌雄ともに発音器が備わる場合が多い。いっぽう、カメムシには空気を媒体とした音を受容する器官がまだ見つかっておらず、固体を介して体に伝わってきた振動を感知する、もしくは孔毛が耳の役割を果たす（p.29 カメムシの頭部と感覚器官参照）と推測されている。

●発音のしくみ-1：摩擦

前翅の外縁と脚（主に腿節）；後翅と腹部背板；腹部や胸部の縁と脚；頭部の特定の部分と前脚…等々、体のあちこちをこすりあわせる摩擦音が主体。ただ、大抵は微小な構造で、通常の顕微鏡では観察が難しい。
衛生害虫として有名なオオサシガメ類は、胸部腹面側前方にある洗濯板のような構造に、口吻の先端をこすりあわせて発音する。オオサシガメの発する音はかなり大きく、あたりが静かであれば人間にも十分聞こえるそうだ。

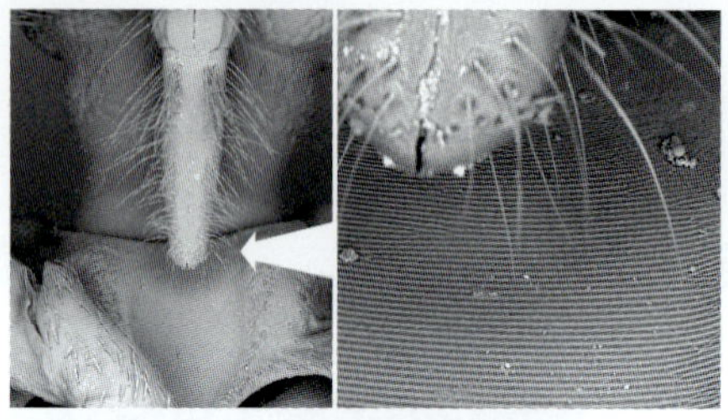
オオサシガメの発音器。走査電顕像

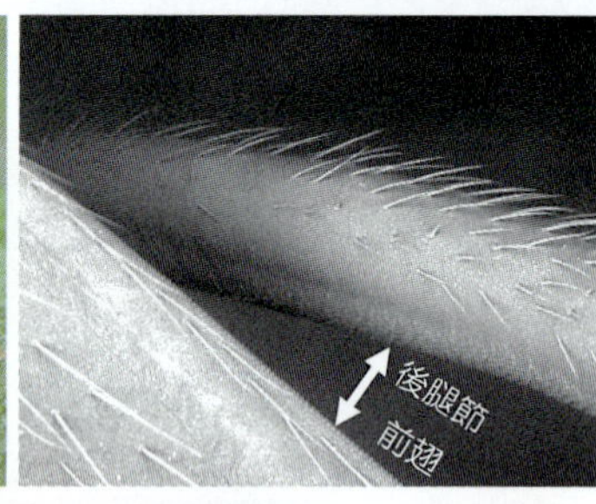

キュウシュウハシリカスミカメの発音器。右は走査電顕像
ハシリカスミカメ類の前翅外縁と後腿節内側には微小な凸凹が配されており、発音器官と考えられている

レイシオオカメムシ（タイ産）の発音器。つかむとシュッシュッと摩擦音を発する（矢印付近が発音器）

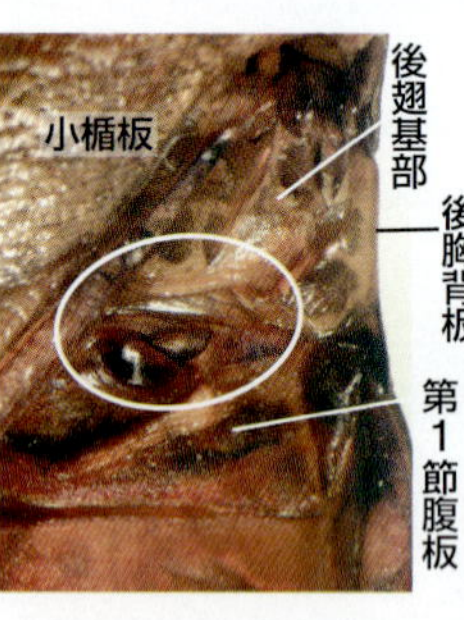

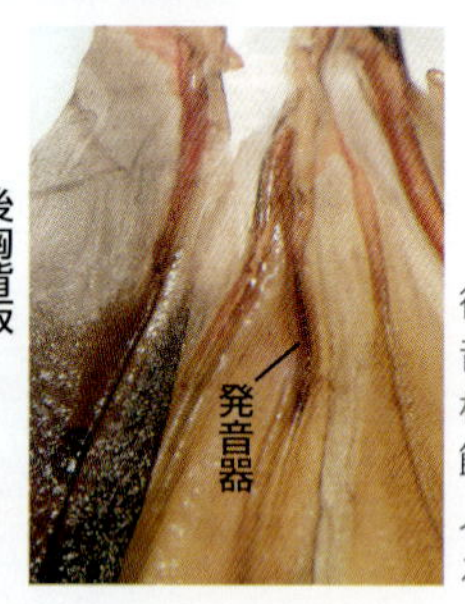

後翅下面の発音器と後胸背板～腹板第1節の共鳴器で人間にも聞こえる音を出す

●発音のしくみ-2：共鳴

ベニツチカメムシの成虫は小楯板と前翅の内縁を摩擦させ、人間にもよく聞こえる「威嚇音」を出す。捕まえるとカミキリムシのように「シュッシュッ」と発音し、死にまね（擬死）することもある。この摩擦による発音に加えて、子育て中の母親は、幼虫に餌を運んできた際、威嚇音とは別の低い音（給餌音）を発し、餌の位置を教え、もしくは散らばった幼虫を集合させている可能性のあることが最近報告されている。給餌音は、腹部背面（翅の下）などの"ティンバル構造"と呼ばれる部分を共鳴させることで発する。

給餌音によって幼虫を集めるベニツチカメムシ。観察時には、餌が運び込まれると集まってくるように見えたが、人間には何も聞こえない

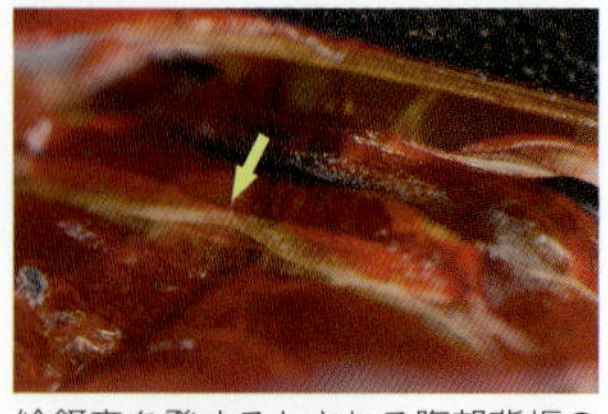
給餌音を発するとされる腹部背板のティンバル構造

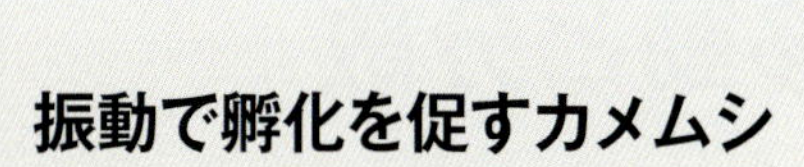

●波紋を利用：アメンボたちのコミュニケーション

アメンボ類は波紋で水面に墜ちた餌昆虫を探知するだけではなく、別個体と連絡をとりあう。アメンボを眺めていると、滑走中、波紋を立てるときと立てないときがあり、波紋の立てかたも緊急時や求愛時、雄同士のなわばり主張など、場合に応じて変えているようだ。脚や基節に波紋を敏感に感知する構造（孔毛など）が備わり、波紋を受けると即座に反応する。多くのアメンボが同じような形に前脚をそろえ、触角をしっかり前方に張っているのも何かの情報をとらえているに違いない。アメンボを見つけたら観察してみよう。

振動で孵化を促すカメムシ

脚や腹部をとまっている面や植物体に打ちつけ、生じる振動を利用してコミュニケーションをとっているカメムシもあるようだ。最近見つかった面白い例としてフタボシツチカメムシがあげられる。母親はベニツチカメムシのように卵を保護するが、月満ちると卵にさかんに振動を与え、あたかも「孵化しなさい」と促す。すると卵がいっせいに孵るのだ。近縁なミツボシツチカメムシも、おそらく同様の生態をもつと思われる。

フタボシツチカメムシ

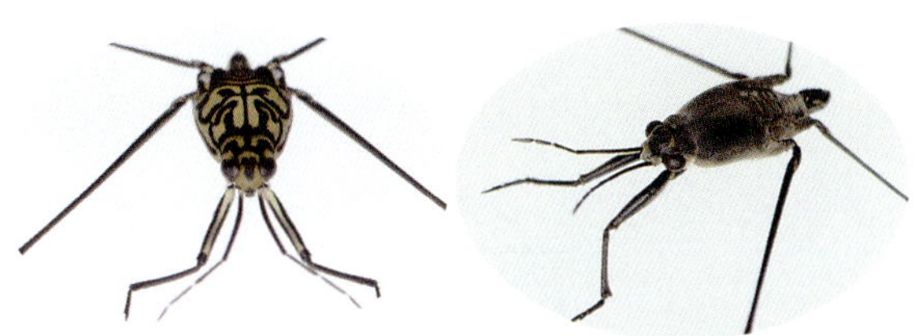

波紋を使ったコミュニケーション。左：シマアメンボ、右：ウミアメンボ

●オオアメンボの愛情表現は13ヘルツ？

オオアメンボが波紋で個体間のコミュニケーションをとったり、雄が求愛波を発して雌を誘うことは以前から知られていたが、最近、長崎西高校生物部のメンバーによって、オオアメンボの行動と波紋の関係が詳しく調査された。この研究から、オオアメンボの成虫は波高2.5mm以下の波紋のみを認識して採餌すること、雄の発する13Hzの波紋が雌への求愛シグナルとなることなどが明らかになった。

波紋を発振するオオアメンボ♂

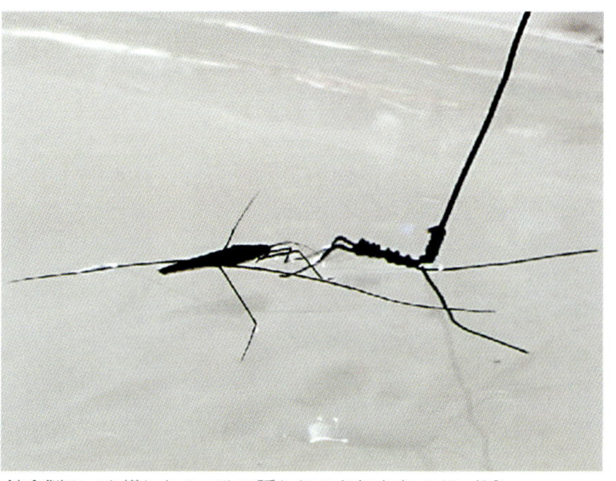

針金製の♂を模したモデルに誘われてきたオオアメンボ♀

移動と分散

生物種はたいてい、少しでも生息範囲を広げようとするポテンシャルをもっている。ことに人類が奔放無秩序に環境を急変させている現代にあっては、狭い地域にしかすめない一所懸命型の種の存続が危機に瀕しがちだ。カメムシたちも、離合集散を繰り返しながら、少しずつ生息域を拡大し、生き残る確率を高めている。たとえばヨコヅナサシガメでは秋から冬に幼虫がソメイヨシノなどの幹に集合し、春に羽化して分散、晩夏に産卵する。羽化後に分散することは近親交雑を回避する意味でも必至だ。

ヨコヅナサシガメ
幼虫の集団（左）、幹が太くうろがあるような樹に多い。
初夏に羽化した成虫（上）、分散して単独行動をとる

●遠距離移動するカメムシたち

ラデンキンカメムシ
キンカメムシの飛翔力の強さには定評があり（p.21小楯板参照）、相当な距離を移動できるらしい

カタグロミドリカスミカメは片道切符だけで来日する。ウンカやヨコバイとともにインドシナ〜中国南部から、餌を追うような恰好で季節風に乗って飛来するが、日本本土では今のところ冬は越せない。日本の水田を守る奇特な用心棒。東シナ海定点観測船上で採集され、動向が明らかになった。
一方、人間の移動手段にちゃっかり便乗し、急速に分布を広げるカメムシも増えている。外来種が国際貨物の往来する港湾や空港周辺から見つかる例も急増中。

アカギカメムシ　前胸の有棘型（左）と無棘型（右）。有棘型は元来インド〜インドシナ方面に多いとされ、かつて日本にほとんどいなかったが、最近増え、現在では九州や四国にも定着

カタグロミドリカスミカメ

左：いつの間にか乗用車に紛れ込んだアワダチソウグンバイ。右：どこからかヒッチハイクしてきたキマダラカメムシ

●地球温暖化とカメムシの動向

温暖化の時勢下、南方系のものがさかんに北進しており、北方・寒冷系のものは衰退傾向にある。右にあげるのは、今世紀になって日本本土に定着したカスミカメムシ3種だが、こうした種は今後も確実に増加する。地球温暖化によって日本のカメムシ相も急速に様変わりしているのだ。

	1990年代の分布域	2015年までの北限
ミナミスケバチビカスミカメ	小笠原諸島・沖縄県以南	兵庫県
ミナミチビトビカスミカメ	沖縄本島以南	高知県
ウスオビヒメカスミカメ	小笠原諸島・奄美以南	長崎県

●外来のカメムシたち

目下、関東以西で最普通種となっている3種の外来グンバイムシは、和名由来の植物だけではなく他の在来植物にも寄生するので、在来グンバイムシへの大きな圧力となっている。プラタナスグンバイは街路樹にダメージを与え、アワダチソウグンバイはキク科植物を広範に利用するため農作物への影響も懸念される。

外来グンバイムシ3種　左：プラタナスグンバイ、中：アワダチソウグンバイ、右：ヘクソカズラグンバイ

①タイリクヒメハナカメムシ台湾（原産地）産。戦後、日本に侵入したと考えられる
②カグヤホソカスミカメ。関東と関西の都市部で繁殖、単為生殖するため今後の動向が懸念
③マツヘリカメムシ。アメリカから来たマツの害虫
④クスベニヒラタカスミカメ。おそらく上海から関西に侵入し、ひところ大発生して植栽されたクスノキを広範に加害した
⑤トガリアメンボ。近畿地方に侵入し急速に南北に広がった小型のアメンボで、今は関東から九州まで比較的ふつうに生息する
⑥フタスジカスミカメ。北日本にごくふつうだが、戦後、欧米からの牛馬の輸入に伴って侵入した外来種と考えられている

キマダラカメムシ：侵入と北上東進の近代史

本種は寄主植物に好き嫌いが少なく、人家を越冬場所に使い、交通網の発達に乗じて急速に生息域を拡大している。現在、グンバイ3種とならび、もっとも分布を広げた帰化種のひとつだ。
おそらく南蛮船に便乗して来日を果たしたと考えられるが、当時の中継地点だったマカオ、ルソン、安南（ベトナム）あたりが原産地であろう。

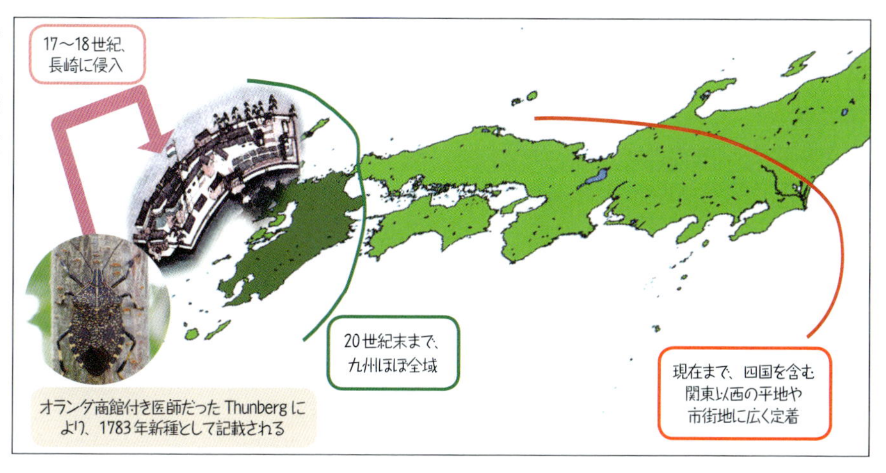

カメムシの種内変異

性差：雌雄を見分けるポイント

- ほとんどの場合雌が大きいもしくは幅広い（雌が短翅や無翅となるものは雄のほうが大きく見える）
- 雄の複眼が大きい
- 雄の触角がいくぶんもしくは一見して太い
- 雄の芳香成分が強い
- 雌の腹部に産卵管が見られる
- ツノカメムシの雌には特徴的なペンダーグラスト器官が備わる(p.44 子の保護・育児参照)
- 脚や翅の形態が雌雄で規則的に異なる

…等々

これらはグループによって異なるので第３章で各科を参照されたい。

ヒメハサミツノカメムシ　♂（左）と♀（右）。このように一目瞭然で雌雄を識別できるカメムシはさほど多くない。確実な方法は、腹部末端の構造を比較することだ。微小な種では、ある程度高倍のルーペが必要になる

ナミアメンボの腹部末端（腹面側）　♂（左）と♀（右）。アメンボ類やカメムシ上科などでは、体は大きくとも性別が一見わかりづらい

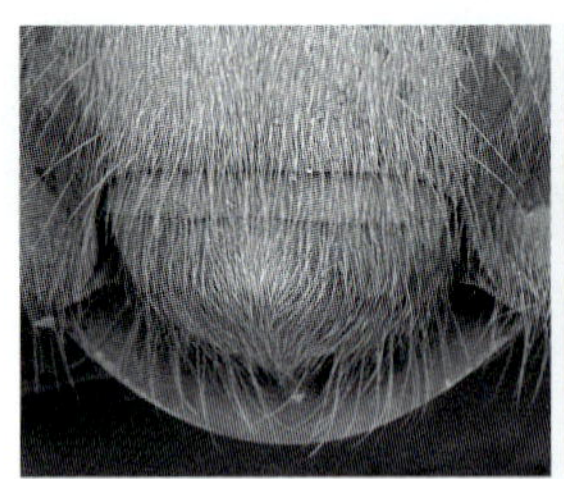
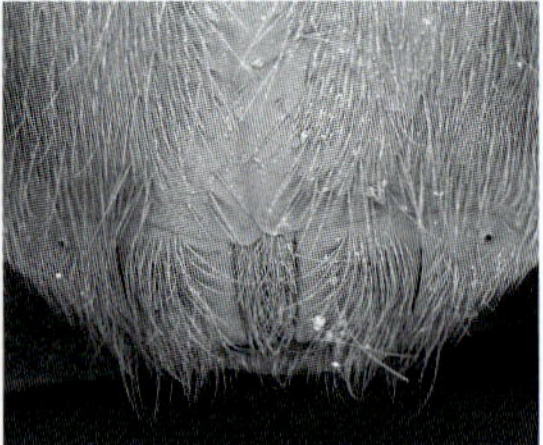

ヒメホシカメムシ腹部の走査電顕像　♂（左）と♀（右）。腹部は真っ黒で一見判別しにくいが、構造自体ははっきり異なる

●季節的変異

ウスモンミドリカスミカメは成虫も幼虫も同じように変異が著しいが、秋が深まると縞の多い個体が増える。本種のような個体変異の大きい汎世界分布種には、概してたくさんの異名（シノニム）がついている。

ウスモンミドリカスミカメの季節的変異

このほか、同じ個体が季節や環境に応じ、カメレオンのように色を変える種も知られる。概して越冬する成虫の色彩が地味にあせやすい。

越冬中のミナミアオカメムシ。体色が茶色にあせている

●地理的変異

地理的な変異型については、今のところ同じ種とされているが、隠蔽種どうし、もしくは亜種レベルで分化している可能性もある。なじみ深いチャバネアオカメムシですら地域別に複数種が混在しているらしく、早急な分類整理が望まれている。

アカスジカメムシの地理的変異　左：南西諸島産、右：本土産。南西諸島の個体はオレンジ色でストライプも細め

ウミアメンボの地理的変異
左：沖縄産♂、中：長崎産♀、琉球のウミアメンボは白っぽく、シロウミアメンボと見誤る。右：逆に黒っぽいシロウミアメンボもいるのでこの類の同定には要注意

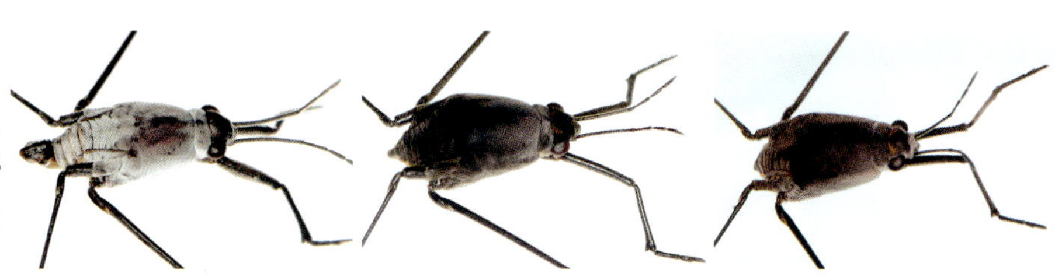

●翅型

環境や季節、気候条件により、翅の長さや有無が規則的に変化するものがある。ときに別種とみなされがちなので注意を要する(p.23 カメムシの翅参照)。

モンキハシリカスミカメの長翅型♀（左）と短翅型♀（右）

ケシカタビロアメンボの長翅型（左）と無翅型（右）

カメムシの性染色体

これまでに調べられた例から、カメムシの性染色体はXOないしXY型であることがわかっている。ちなみに、私たち人間ももつX染色体は、ドイツのホシカメムシの一種（*Pyrrhocoris apterus*）から発見されたものだ。サシガメなどには3個以上のX染色体をもつものがある。なお、常染色体数は、グループにより大きく異なる。

Pyrrhocoris apterus

●遺伝的変異

カメムシにも、遺伝や生息環境によって、同種内で形態や色彩にさまざまな変異が現れる。頭部と感覚器官の項（p.28）では、眼の色の遺伝的変異について見たが、ときに別種と見まがうほどの違いになることがあり、それぞれの遺伝型に別の種名がつけられてしまった例もあった。人間に血液型や肌の色の違いがあるのと同様である。

ミナミアオカメムシの遺伝と表現型（色彩変異）

ミナミアオカメムシには、さまざまな色彩パターンが知られているが、模様の違いは遺伝によって生じることが証明されている。まだ試されていない組み合わせもあり、交配実験をやってみるのも面白い。ここには2例のみ示す（詳細は日本原色カメムシ図鑑第1巻に解説）。

P　緑斑型♀　×　緑斑型♂

F1　緑斑型(3)　：　緑色型(1)

P　緑色･赤褐色帯型♀×緑斑型♂

F1　緑色型(1)　：　緑斑型(1)　：　緑色･赤褐色帯型(1)　：　緑斑･赤色帯型(1)

ミナミアオカメムシの色彩型。左から：緑斑型、緑色型、緑色・赤褐色帯型、緑斑・赤色帯型

カメムシの種間関係

1枚の葉に仲むつまじくくるまっているヒメチャバネアオカメムシ、チャバネアオカメムシ、ツヤアオカメムシ、クサギカメムシ

自然界において生存競争を勝ち抜く上で、他種との競合はカメムシたちにも日常的に起こりうるが、うまくゆずり合って共存する例も少なくない。他方、いくつもの違った種が寄り添って越冬するような、博愛主義的な種間関係もみられる。

●すみわけ

発生時期（時間）や生息環境（空間）を分けあう。とくに食性や生態の酷似した近縁種どうし、不必要な摩擦や競争を避けるだけではなく、自然雑交を防ぐ意義もあると考えられる。

時間的すみわけ；北日本でハンノキの同じ樹に生息する近縁種どうし、ハンノキトビカスミカメは7月中旬〜8月上旬、ヨーロッパトビカスミカメは8月中旬〜9月上旬と時期をずらしてすみわけている。

左：ハンノキトビカスミカメ、右：ヨーロッパトビカスミカメ

ネムノキに寄生する近縁2種、ナガチビトビカスミカメ（6月〜7月上旬）とネムチビトビカスミカメ(6月中旬〜9月)の場合、前者は後者よりやや早く発生し、2週間くらい共存する時期があるが、ナガチビトビカスミカメは年1化性で7月以降は見られなくなる。一方のネムチビトビカスミカメは、盛夏にもう1世代発生を繰り返してから9月頃に姿を消す。

左：ナガチビトビカスミカメ、右：ネムチビトビカスミカメ

空間的すみわけ；四国ではヒメクモヘリカメムシが高標高地に、ニセヒメクモヘリカメムシが海岸部にというよう、山地と平地で空間的にすみわけている。

左：ヒメクモヘリカメムシ、右：ニセヒメクモヘリカメムシ

同じ池や川にすんでいる水生カメムシたちも、ある程度空間を分かち合っているようだ（例えば岸近くと岸から離れた水面、生活する水深が異なるなど）。右の例ではマツモムシは水面近くを好むが、コマツモムシはやや深い水中にのんびりと浮かんでいる。

左：水面直下のマツモムシ、右：中層部でホバリングするコマツモムシ

時間的·空間的すみわけを正しく判断する上で、もともと同じ場所にいた近縁種が時間や空間を分かちあうようになったのか、あるいは進化の過程において活動時間帯や生息場所を変えた結果として別種に分かれたのかを、慎重に考察する必要がある。鶏と卵のような議論になるが、興味ぶかい。右の例にあげたウミアメンボ類については、内湾の奥深くに侵入·定着したウミアメンボの個体群が、シロウミアメンボに分かれたと推定される。

系統的にごく近縁で互いに酷似するウミアメンボ（赤丸）とシロウミアメンボ（緑帯）は、はっきりとすみわけている。前者は外洋に面した内湾に生息し、後者は内湾の中の静かな入江や島陰を好む。実験的に水槽で両種の異性同士を一緒に泳がせると、雄が雌にアプローチし、交尾を試みる行動が観察された。この実験に供した雌は交尾済みであったが、もし未交尾の個体だったら雑交してしまったかもしれない。

冬間近、仲良く日なたぼっこするオオキンカメムシとウラギンシジミ（中立）

■ほかの昆虫との関係

たいてい、中立関係（お互いに無関心・無干渉）の平和共存が基本である。

●カメムシではめずらしいアリとの相利共生

近縁群であるアブラムシやカイガラムシでは、アリと明確な共生関係を結んでいる種はめずらしくないが、カメムシはたいてい「ゴーイング・マイ・ウェイ」主義者らしく、他昆虫との相利共生はほとんど知られていない。しかし、熱帯には写真のような、明らかにアリと共生しているヘリカメムシがいるほか、シロアリの蟻道や巣の中からサシガメやカスミカメが出てくることもあり、わたしたちの知らない生態をもつカメムシが少なからず存在するようだ。

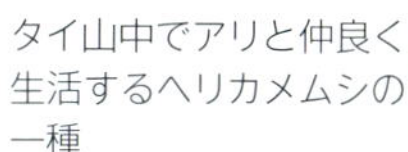

タイ山中でアリと仲良く生活するヘリカメムシの一種

■ほかの生物との関係

共生微生物；人間に腸内細菌が必要なように、カメムシも体内にさまざまな微生物を共生させている。ある種の共生菌がないと幼虫から成虫になれない、生存そのものが危うくなる、などの弊害が生じる。マルカメムシ、ホソヘリカメムシ、チャバネアオカメムシなど、身近に多いカメムシの共生微生物の研究はさかんに行われている。

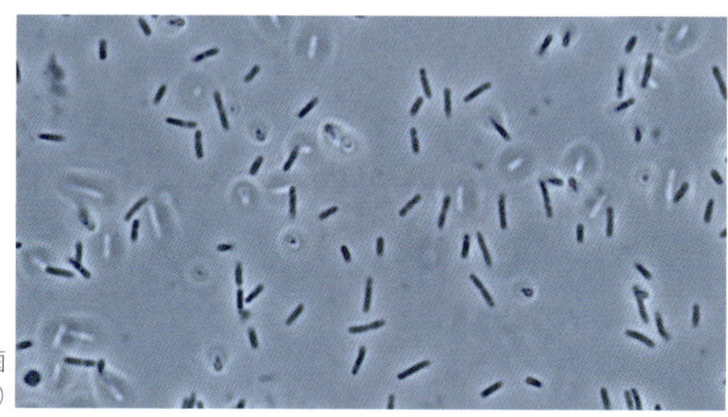

チャバネアオカメムシの共生細菌
（細川貴弘氏原図）

花粉媒介；多くのカメムシが花に集まり、花蜜（ネクター）や花粉を栄養源とするほか、訪花する他昆虫を捕食する。こうしたカメムシたちをとらえてみると、花粉が体のそこかしこに付着している。カメムシが植物の花粉媒介に多少なり貢献していることは、しばしば目にする花粉まみれの個体から伺うことができる。

セイタカアワダチソウの花粉を付けたナミヒメハナカメムシ

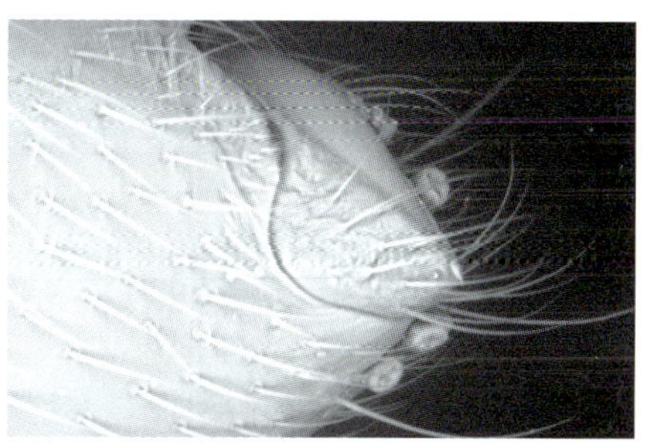

アカヒメチビカスミカメの腹部末端に付着するオオバギの花粉（走査電顕像）

左：マーガレット上のホソハリカメムシ、右：ハマヒルガオ花中のマルシラホシカメムシ

保護色と擬態

■保護色

カメムシといっても大型で派手なものより、小型で目立たない種のほうがはるかに多い。過半数のカメムシは、生息環境に調和した保護色（隠蔽色）で身を護っている。成虫が派手でも幼虫は隠蔽色となるカメムシもいる。また体型も環境と似て、保護色か擬態なのか、紛らわしいものもある。

リョウブの花にいるシロバフトカスミカメ

樹幹にいるナシカメムシ

ソメイヨシノの幹にとまるイッカクカスミカメ幼虫

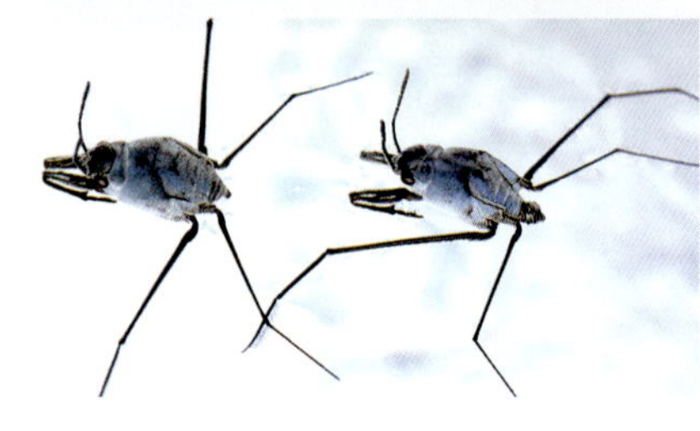

コガタウミアメンボ。遠洋の青い海面をすみかとする遠洋性ウミアメンボは、概して青味が強い

水面に浮かぶアメンボは、概して背面が褐色系で腹面が白っぽく、上から見おろしても水中から見あげても迷彩となるらしい。

左：背面から見たコセアカアメンボ、右：腹面から見たナミアメンボ

雲隠れがとくに巧みなのがカスミカメムシ類だ。緑の植物上にいる緑色系の種類が多いのはもちろんだが、植物の穂、種子、実など、さまざまな植物部位にとけ込んだ色彩形態をとる種もたくさん存在する。

うすら紅いアコウの実を好むシラゲホソチビカスミカメの幼虫はやはり赤っぽい

ススキの穂上のアマミフタスジカスミカメ幼虫。イネ科草本の穂を糧とし、すみかとするフタスジカスミカメ類は、成虫も幼虫も穂の一部になりすましてしまう

夏場は明らかに派手な装いのアカスジカメムシも、冬が近づくとしおれた食草に溶け込んで保護色らしくなるのは知恵だ。警戒色が隠蔽色となる精妙な例といえよう。

冬場のアカスジカメムシ

サシガメのカモフラージュ。左：粉塵をまとったケブカサシガメ成虫、右：捕食したアリを背負うハリサシガメ4齢幼虫

■擬態

カメムシに多いアリへの擬態；アリに擬態したカメムシの多いことはよく知られている。アリは多くの昆虫にとって厄介な天敵であり、人間にも有害な衛生害虫も存在するほどゆえ、アリに擬態するメリットはそれ相応にあると考えられる。

タイ産ヒョウタンカスミカメの一種（右端）とアリの群れ。ヒョウタンカスミカメ類はアリの行列とつかず離れず徘徊し、アリの保護するカイガラムシやアブラムシを狙う

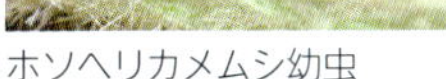

ホソヘリカメムシ幼虫

クロヒョウタンカスミカメ。左：成虫、右：幼虫

ハチへの擬態；

ホソヘリカメムシ成虫。この場合は比較的わかりやすいベイツ擬態（危険生物を模す擬態）

ナラオオホソカスミカメ。外観とふるまいからハチ（コマユバチなど）に擬態しているといわれる。生態上のメリットがあるかどうかは不明

餌昆虫への擬態；捕食性の種が餌昆虫（被捕食者）に擬態するカメムシたちは、そうすることで自分への捕食圧を低減していると考えられている。

グンバイムシの群れにまぎれ込むとわかりにくいミナミグンバイカスミカメ

クダアザミウマ類とよく似たモンシロハナカメムシ

擬死

死んだふり（擬死）をきめこむカメムシは少ない。外敵に襲われると落下、遁走、ジャンプ、飛翔して逃げるのがふつう。

ベニツチカメムシ。じっと辛抱するのは苦手で、ほどもなく動き出す。捕まえると発音する（p.46参照）

ミツボシツチカメムシ。亜社会性をもつツチカメムシたちが死んだふりを得意技とする傾向も面白い

カメムシの天敵

■捕食者

カメムシを襲うカメムシ；カメムシを襲う捕食者といっても、カメムシの特定のグループだけを専門に狙う種類は、以下の例ではホシカメムシとグンバイカスミカメだけで、残りの種は「たまたまとれたのがカメムシだった」というのが正しい解釈である。

アカホシカメムシを捕食するベニホシカメムシ終齢幼虫

ハギメンガタカスミカメの幼虫を捕らえたアカマキバサシガメ

グンバイカスミカメはツツジグンバイなど、グンバイムシ専門の捕食者だ

アメンボを捕食するマダラアシミズカマキリ。広食性で、昆虫だけでなく小さい魚 (p.12) やオタマジャクシも襲う

シロヘリツチカメムシの共食い。種内捕食は飼育下では起こりやすい現象だが、野外でもしばしば観察される

クモ；クモはカメムシを襲う天敵として代表的なもののひとつ。カメムシは網を張るクモより徘徊性のクモに襲われやすいようだ。採集時、ネットに小型のカメムシがハナグモやハエトリグモなどと一緒に入ると、とらえられて傷んでしまうので要注意だ。反対に、クモの網にかかった獲物を掠め取るカメムシもある。

網にかかったチャバネアオカメムシを捕食するジョロウグモ

アカスジカスミカメを捕食する徘徊性のハナグモ

その他の捕食者；キマダラカメムシを捕食するカマキリ。カマキリはカメムシの臭気をものともしない

海産ウミアメンボたちの息詰まるせめぎ合い

(p.52 カメムシの種間関係参照)

4種の沿海性アメンボ類が競泳する不思議な光景が見られるのは、世界広しといえど大村湾だけだろう。ごく最近、長崎西高校生物部員たちの努力によって、大村湾が海産アメンボの大群を育む稀少な楽園であることが示されたのみならず、海水で繁殖するナミアメンボ類の個体群が発見され、新種として命名に残されるとともに、ナガサキアメンボの和名が与えられた。

埋め立てや護岸工事が進み、大村湾でもポイントは限られるが、水質のいい、魚付き林の残る波静かな入り江では、4種すべてを一望に観察することができる。とはいえ、この4種は平和共存しているわけではなく、互いに緩みなく牽制しあっている。油断すると小型の個体が大型の個体に捕食されてしまったり、ともすれば成虫が同種の幼虫を襲うこともあり、のたりひねもす海面が、剣呑な舞台となっている。夏の日盛りには、漁船周りの日陰がアメンボたちで混雑することがあり、いよいよ修羅場の様相を呈する。体がもっとも小さいケシウミアメンボは気の毒な立場におかれており、他種の若齢幼虫ともども、岸辺に沿うように難を避けていることが多い。なお、長崎県におけるシオアメンボとシロウミアメンボの採集は条例で禁止または規制されているので注意されたい。

大村湾（長崎県）における海産アメンボの調査（県の許可を得て調査）

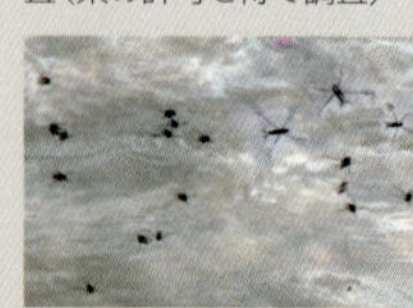

シロウミアメンボ、シオアメンボ、ナガサキアメンボ、ケシウミアメンボで混み合う海面

ケシウミアメンボを捕らえたナガサキアメンボ

■寄生者

外部寄生；
チビカスミカメの一種に寄生したダニ。人間ならば頬っぺたにサッカーボールをぶら下げているようなすさまじさだ

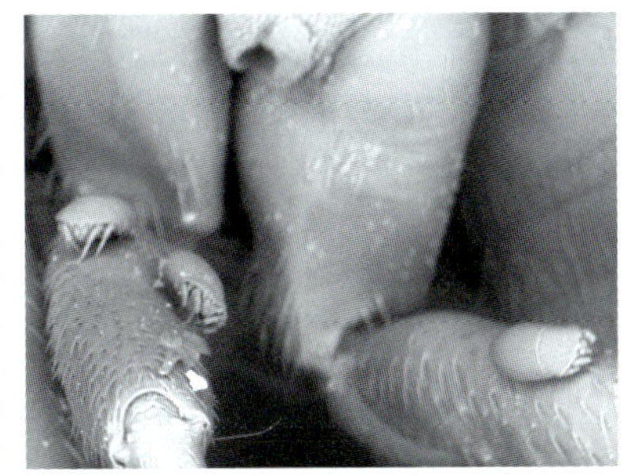

クロキノコカスミカメの腿節にすみつく謎の微小なダニ（走査電顕像）。口器が使われていないので、この例は寄生されているというより「片利共生」に該当すると思われる

内部寄生・病原菌；
もちろん、カメムシたちもウイルスや菌類の感染によって病気にかかる。また、日常的にさまざまな寄生者からねらわれているのも確かだ。内部寄生されると、五臓六腑を喰いつくされ、ほぼ確実に命を奪われてしまう。

タマゴヤドリコバチ類にすべて寄生されていたウシカメムシの卵塊

カビに侵されたクルミツヤクロカスミカメ

ツノアカツノカメムシから出現したハリガネムシ

前胸部に寄生蝿の卵を産みつけられたトホシカメムシ

腹部を侵されたカラマツトビカスミカメ幼虫。このような黒っぽい影があると、何かに内部寄生されているとみなしてよいだろう

冬虫夏草（ミミカキタケ類）：漢方薬としても利用される寄生菌で、さまざまな昆虫から生じ、種数も100を超えるという。生きているカメムシに寄生して殺すのか、命がつきて地面に落ちたカメムシの死骸から生えるのか…後者の可能性が高いと思われ、厳密には天敵と規定できないかもしれない。

マッチ棒のような子実体

ミミカキタケは、ツノカメムシ類によく見られる

■その他の天敵

アマガエルがマルカメムシをいったんくわえたものの、慌てて吐き出した滑稽な場面を見たことがある。カエルがどれくらいカメムシを捕食しているかはよくわからないが、水生・半水生カメムシ類にとって、両生類の捕食圧は高いといわれている。

冬のくらし

日本本土の温帯域や寒冷地では、カメムシたちは冬になると卵、幼虫、成虫のいずれかのステージで冬を越す。大多数のカメムシは卵か成虫で越冬し、幼虫で冬をしのぐ種は少ない。幼虫時代は外皮が柔らかく、生存率が低いためと思われる。成虫は複数集まる場合が多く、数百〜数千個体が集結していることもある。

開発が進んだ現代においては、家屋などの人工物を利用する成虫越冬種が増えており、この習性が一般に嫌悪される主因となっている(付 カメムシと人間参照)。

雪中のウスモンミドリカスミカメ

①ガの古い巣にもぐり込んで越冬するミナミアオカメムシ
②鞘になった状態で越冬集団するアヤナミカメムシ
③枯れた環境にとけ込んだ越冬中のウスモンミドリカスミカメ成幼虫とコミドリチビトビカスミカメ

④越冬中のブチヒメヘリカメムシ。綿毛の布団のようだ

樹皮下で越冬するカメムシは北側の幹に多い。これらの休眠開始には「日長条件」が作用し、温度が上がると活動を開始するため、一時的な小春日和に覚醒しないよう、日当たりは悪いものの温度変化が少ない北の方角を選ぶのは理にかなっている。

ケヤキの樹皮下でかたまって越冬するナミヒメハナカメムシ♀成虫。交尾は越冬前に済ませ、♂は冬を越さない

同じく樹皮下で冬を越すクロハナカメムシ(♂と♀が混在)

オオキンカメムシの越冬集団

越冬のために建物に侵入するカメムシ。代表的なスコットカメムシ、マルカメムシ、クサギカメムシのほか、キマダラカメムシ、エゾアオカメムシ、オオトビサシガメなども地域により入ってくる

越冬中のスコットカメムシ

越冬中のマルカメムシ

越冬中のクサギカメムシ

越冬場所は実にさまざまで、樹皮下、木の幹、枝、植物上に加え、松かさの隙間、虫えいの中、朽ち木の間隙、枯れ草や落ち葉の中や地中など、隠れられるところは大抵越冬に利用される。

①ケヤキの幹で越冬するヨコヅナサシガメ幼虫の大集団
②クモの巣のカーテンの中で越冬するミナミアオカメムシ成虫
③アケビの虫えいに潜り込んで越冬しているケブカカスミカメ成虫
④落葉で越冬中のオオアメンボ成虫
⑤ササの隙間に頭を隠して越冬中のコバネナガカメムシ類成虫
⑥樹皮下で仲良く越冬中のエサキモンキツノカメムシとクサギカメムシ。こうした越冬集団には科の違うカメムシたちが身を寄せあっている例がしばしば観察される
⑦建物の隙間に這い込んで越冬中のオオトビサシガメ成虫

カメムシの排泄

食べ物を消化すれば、最後に排泄が必要となるのはカメムシも変わりない。カメムシの排泄物は基本的に液状である。飼育してみるとわかるが、点々と液状の糞が観察できる。水生カメムシの場合、水中に排泄するから、いつ何時すませるのか観察が難しいが、アメンボは写真のように用を足していた。ごく無造作な水洗トイレ?のようなものだ。

いっぽう、群棲するグンバイムシやカスミカメムシでは、墨汁のように真っ黒い水滴として排泄するものがあり、排泄物が無数の黒点になって、本体を認めづらくする。概念的にあまり気持ちのよいものではないが、排泄物を隠蔽に利用する「糞隠れの術?」を使う昆虫は多くないと思われる。

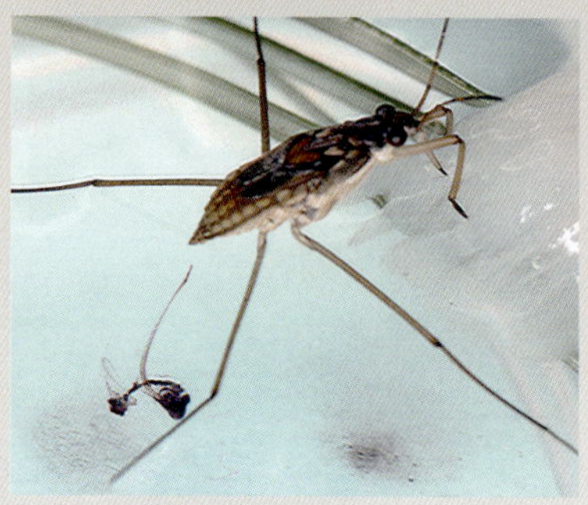

ヒメアメンボ:水洗トイレ

ヘクソカズラグンバイ:糞隠れ

カメムシの異常型

カメムシについて、異常型に関する報告はほとんどない。極端な色彩変異や、単純な羽化失敗による変形などはときに見られるが、チョウやクワガタで有名な雌雄モザイクなどは未発見だ(ツマグロアオカスミカメにそれと推定される例はあった)。触角第1節を欠き2節がいきなり基部から生えている、脚のふ節が1節足りないといった異常は、たまに見つかることがある。

白化したマルカメムシ

アオクチブトカメムシの色彩異常

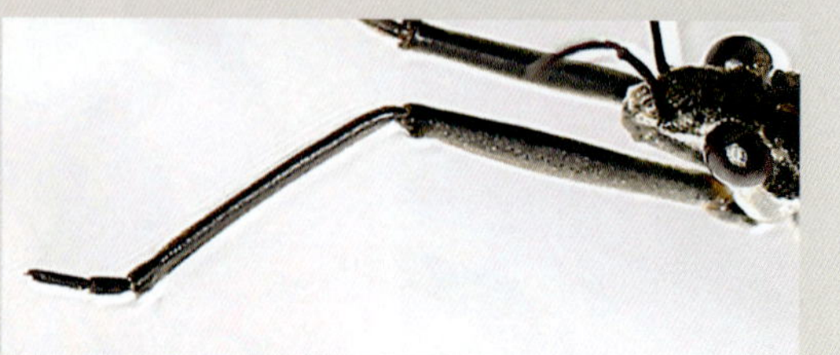

ナミアメンボ成虫の異常型。左が異常で前ふ節が1節、右は正常

第2章
カメムシを探そう

わたしたちを取り巻くあらゆる環境に広がるカメムシの世界。草花から樹木、草原から森林、それらを育む土壌、そして田畑、湿地、河川、湖沼から海岸まで、いたるところに個性的なカメムシたちが暮らしています。身近な公園や家屋、学校などの建物でもカメムシを見つけるチャンスは少なくありません。本章では、どのような環境にどんなカメムシがいるかを紹介します。実際に見つけようと野外に出たとき、どこを探してもカメムシに出会えるよう、それぞれの生態に接近できるようなヒントを凝縮しています。

（前原　諭）

植物を探す ① 花

多くの昆虫が花に集まるように、カメムシもさまざまな花上に見られる。蜜を吸う種だけでなく、他の昆虫を捕食する種も含まれる。

●草本の花

草原、荒れ地、畑、人家の庭など、身近な環境に見られる草花。

ニンジン花上のアカスジカメムシ　赤と黒の縞模様はとても目立つ。セリ科に寄生し、庭先で見られることも珍しくない

カナムグラ花上のブチヒゲクロカスミカメ(左の大きい個体)とクロヒョウタンカスミカメ(右)　小さなカメムシには貴重な吸蜜源

キク科の花上のスカシヒメヘリカメムシ

ヒメジョオンとヒメナガカメムシ類　キク科植物の常連であり、花の上に鎮座する姿をよく見かける。似た種が多く同定は難しい

マーガレット花上のブチヒメヘリカメムシ

●木本の花

森林の木々に咲く花にもたくさんのカメムシが集まる。カスミカメムシは成虫になるまで花上で暮らすものが多く、とくに結びつきが強い。

ハギとウスアカカスミカメ ハギの赤い花にとけこむような薄紅色の可憐なカスミカメムシ

アカメガシワとツマグロハギカスミカメ ウスアカカスミカメがハギ類に限って見出されるのに対して、本種はさまざまな木本の花を利用し、しばしば群棲する

リョウブとイシハラナガカメムシ リョウブに寄生し、幼虫はさく果内の種子などを吸汁して成長する。成虫は花上に集まる

ネズミモチ上のヒコサンテングカスミカメ 花上の小昆虫を捕食する小さなカメムシ

植物を探す ② 果実と種子（1）

花が終わり、実った果実・種子もカメムシにとっての重要な栄養源となる。

●農作物とカメムシ

田畑の作物、または果樹園の果物を加害する農業害虫が含まれる。

カキ上のツヤアオカメムシと被害を受けたカキ 口吻を刺して果実組織を吸汁し、刺された部位は変色、変形してしまう

ナシ上のクサギカメムシ 水分の多いナシもカメムシにとって大好物となる

ダイズ上のホソヘリカメムシ マメ科に寄生し、ダイズ畑にもよく見られる

イネ上のアカスジカスミカメ イネを加害するカメムシは斑点米の原因となるため、米農家の悩みのたね

●野山の果実とカメムシ

自然林の果実にもいろいろなカメムシがつく。一般に寄主選択性が強く、限られた植物にしか見られないことも多い。

ヤシャブシの実とブチヒラタナガカメムシ ハンノキ属の植物上で一生を終え、寄主との結びつきが非常に強い

ヤマハンノキの実とチャモンミドリカスミカメ 山地や北日本のヤマハンノキにはミドリカスミカメの仲間がよく集まる

コウゾの実とチャモンナガカメムシ 名前の由来である茶色い模様が前翅にあしらわれている

キイチゴの実とトゲカメムシ 野山のフルーツであるキイチゴはカメムシにとってもごちそう

シキミの実とアカスジキンカメムシ4齢幼虫 幼虫はきらびやかな成虫とは対照的で、白と暗色のツートンカラーとなる

ミズキの実とハサミツノカメムシ ミズキの実にはさまざまなツノカメムシが見られる。腹部先端の突起は♂の特徴

植物を探す ② 果実と種子(2)

●植物上の種子

植物のたね、つまり「種子」もカメムシにとって栄養となる。荒れ地や草原に生えている植物にも目を向けてみよう。そこにはいろいろなカメムシが見つかるはずだ。

エノコログサ類の群落と穂上のクモヘリカメムシ　単子葉類を好み、このようにエノコログサ類の穂に群れていることも多い

エノコログサ類上のコバネヒョウタンナガカメムシ　エノコログサ類にもっともふつうな種で、翅の長さには変異がある

イネ科草本上のホソハリカメムシ　前胸背の針のような突起が名前の由来

スゲ上のクロスジヒゲナガカメムシ　日陰となるスゲの種子に集まる

カヤツリグサ科草本上のヒメヒラタナガカメムシ類　湿地や川沿いのカヤツリグサ類にいるが、薄い色彩は植物上では見つけにくい

●地表部の落下種子

草原をかき分けると、地表に落下した種子を吸汁するカメムシが観察できる。

草をかき分けると出てきたクロホシカメムシ
イネ科植物の種子を吸汁している

モンシロナガカメムシ　前脚腿節はそれほど膨らまない

サビヒョウタンナガカメムシ　ヒョウタンナガカメムシの仲間は前脚腿節が大きく膨らむ

●森林地表部の落下種子

果実が落下して腐ると(腐果)、やがて種子がむき出しとなる。このような状態の種子を好むカメムシは、森林でよく観察される。

オオモンシロナガカメムシ　徘徊性の大型種。腐果や落下種子を専門に食すため他のナガカメムシのように植物上に登ることはほとんどない

ヒメホシカメムシ類　アカメガシワなどの落下種子に集まり、植物上に見られることも珍しくない

植物を探す ③ 葉

葉に止まるカメムシを見る機会はもっとも多いのではないだろうか。寄生する植物以外に止まっているケースも多いため、観察を重ねて植物との関係を解き明かしてゆくことも、知る楽しみとなろう。

●木本植物

葉上で生活するカメムシは、多くが葉のみならず茎や花、果実からも吸汁を行うが、グンバイムシのように葉裏の植物組織を専門に吸汁し、葉に白斑や褐変を生じさせるグループも知られている。

加害されたプラタナス葉とプラタナスグンバイ
発生木の葉は加害されて白くなるため、離れていても存在を確認できる。アメリカ原産の外来種で、都市部を中心とした街路樹に広がっている

クヌギ葉上のキアシクロホソカスミカメ　里山から山地のナラ林にすみ、新芽の展開とともに孵化する。5月前半には姿を消し、翌春まで卵のまま年を越す

●ササ・タケ類

里山、自然林を構成するササ・タケ類の葉上にもそれぞれ固有のカメムシが見られる。

ササとヒメクモヘリカメムシ　おもに自然林のササ上で見つかる。目立たない薄い体色をしており、活発に動き回りよく飛ぶ

タケ上のホソコバネナガカメムシ

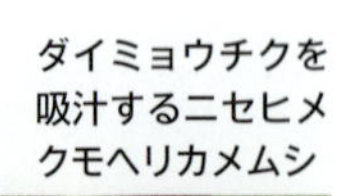

ダイミョウチクを吸汁するニセヒメクモヘリカメムシ

●草本植物

草本植物の葉上にいるカメムシたちの、さまざまな生活スタイルをつぶさに観察しよう。

加害されたクズの葉とメダカナガカメムシ
体の大きさはゴマ粒程度ながらも群生するために、吸汁されたクズの葉はグンバイムシの食斑のように白く点々となる

ススキ葉上で生活するエビイロカメムシ
ほとんど動くことはなく、静止している

ガガイモの葉上に群れるヒメジュウジナガカメムシ
赤と黒の警戒色をもち集団を形成する

動物食のカメムシが獲物を探して葉上で活動することも多い
左：ガの幼虫を捕食するシロヘリクチブトカメムシ、**下**：ハムシを捕食するシマサシガメ

植物を探す ④ 茎

葉だけでなく茎にも目を向けてみよう。茎に見られるカメムシは群がることが多く、孵化したときから茎の上で成長を続ける種もいる。

クズの茎に群がるマルカメムシ　茎に鈴なりに群れ、小さいながら臭気は強烈で有害だ

ホオズキの茎に群れるホオズキカメムシ幼・成虫　幼虫と成虫がともに茎の上で仲良くくらす

イタドリの茎で交尾するオオツマキヘリカメムシ　茎から吸汁しながら、交尾・繁殖の場としても茎を利用する

カラスウリ茎上のノコギリカメムシ　本種は群れることがなく、ウリ科植物に単独で見られる

植物を探す ⑤ 樹幹

樹幹に見られるカメムシは、樹皮に口吻を刺して組織液を吸汁する植物食の種と、他の昆虫を捕食するための活動場所とする動物食の種に大きく分かれる。公園や緑地に植えられた大きめのケヤキやサクラではさまざまな種類を観察できる(p.94 参照)。

ケヤキ樹幹上のダルマカメムシ
動物食の小さなカメムシで、カイガラムシを捕食するといわれる

サクラ樹幹上のヨコヅナサシガメ5齢幼虫群と新成虫
樹幹に産まれた卵塊から幼虫が夏に孵化し、冬に集団越冬した後、晩春頃、羽化する。もっともポピュラーな捕食性カメムシ

サクラ樹幹上のキマダラカメムシ（上：幼虫、左：成虫）　ヨコヅナサシガメとともにサクラの樹幹でよく観察され、おもな生息域が人間の居住地にある(p.49 参照)。本種は樹幹に口吻を刺して吸汁する植物食を示す

サクラ樹幹上で交尾するナシカメムシ　秋季にサクラの樹幹や葉裏に産卵する。ナシ、リンゴ、ウメなどの芽や新梢を吸汁する

植物を探す ⑥ シダ・コケ類

森林の下草を覆うシダ、地表や岩壁に広がるコケにもそれぞれ特有のカメムシが暮らしている。湿度の保たれた、樹種の豊富な自然林における多様性は高い。南米には水草に寄生するカメムシもいる。

●シダ

シダカスミカメ類がつくが、大変小さいので注意深く観察しよう。一般に葉裏で見つかることが多い。

シダとズアカシダカスミカメ もっともふつうに見られるシダカスミカメ類で、体は黒く翅は常に長く発達する

クビワシダカスミカメ 北日本や低温期に短翅型が現れやすい

●コケ

コケに覆われた地表や樹幹は目を凝らさないとわかりにくいが、ディープなカメムシの世界が広がっている。

石垣を覆うコケとマルグンバイ 丸い体形をした小さなグンバイムシで、いずれの種もコケだけに寄生する。地味な色彩でほとんど動かないので、発見は至難の業だ

コケ上のコブマダラカモドキサシガメ 生息場所の背景に体を溶け込ませて捕食し、身をまもる。成虫は他のマダラカモドキサシガメ類同様、白と暗色の小斑をちりばめた色彩となる

キノコや菌類を探す

●菌類もカメムシにとって大切

菌に見られるカメムシの代表格であるヒラタカメムシ類は、ある程度限られた菌種に依存するものも多い。キノコカスミカメ類も菌の発生した材の表面に見られるが、熱帯や亜熱帯で種類が豊富となる。

倒木に寄生するカワラタケとノコギリヒラタカメムシ幼虫　乾燥した枯れ木に生えるカワラタケ類によく集まる。日差しを受けて飛翔する姿を目にすることも多い

ヒトクチタケ上のマツコヒラタカメムシ　アカマツ・クロマツの立ち枯れに生えるヒトクチタケに寄生する。菌の周囲や樹皮をはがすと見つかる（長島聖大氏原図）

シワタケ上のイボヒラタカメムシ　クヌギやコナラに生えるシワタケによく見られる（長島聖大氏原図）

倒木上のツヤキノコカスミカメ　林床の廃棄されたシイタケ栽培木や倒木に生じるタコウキン類がすみか。ヒラタカメムシとは異なり、キノコカスミカメ類は細長い脚で敏捷に動き回る

枯れ木上のヒメコモンキノコカスミカメ　倒木、立ち枯れに生える菌類に見られる。体表の小さな淡色斑が特徴的だが類似種が多い

地面を探す ① 草原

草原はカメムシにとっての代表的な生息環境だが、植物上だけでなく地表部にも多様な種類が生息している。

●乾性草原

小規模な荒れ地から河川堤防、半自然草地などもっとも身近な草原が含まれる。

草地とそこをかき分けた地面で見つけたトゲサシガメ　動きは緩慢だが、体はトゲトゲしていていかめしい

ウチワグンバイ　地表部に生息するグンバイムシで、他種のように葉にはつかない

ハネナガマキバサシガメ　地表部で生活し、活発に動き回りよく飛ぶ。トゲサシガメとは別のマキバサシガメ科に属する

河川敷とヒメトゲヘリカメムシ（左：幼虫、右：成虫）　石の多い河川敷の草原に見られ、ときに群生する。灰色っぽい色彩は、生息環境の地表部にうまくとけ込んでいる

●湿性草原

乾性草原よりも湿地的な草原。河川敷のワンド（小さな池）周囲や湿地に代表される環境で、スゲやヨシなどが植生の主体となる。

ヨシ原・後背地に広がる湿地とオオクロカメムシ　ヨシやマコモにつき、地表部で見つかることが多い

【サシガメ類】

コゲヒメトビサシガメ　地味な色彩をしていて見つけにくい

ウデワユミアシサシガメ　繊細な体つきで色彩が美しい

【北日本の湿地に見られるカスミカメ類】

キタカタグロミドリカスミカメ　スゲの間で見つかる

セスジヨシカスミカメ　ヨシ間に生息、葉を吸汁する

●海岸草原

海岸に広がる草原を好むカメムシもいる。

海岸の草原とタイワンナガマキバサシガメ　海岸草原にはナガマキバサシガメ類がよく生活するが、砂浜の減少により生息地も減りつつある

地面を探す ② 落ち葉・枯草

落ち葉、または積みわらのような枯草に代表される植物遺体にもさまざまなカメムシが生息する。ナガカメムシ、ツチカメムシ類は落ち葉層の菌類や葉そのもの、または実などを吸汁するものと考えられ、それ以外のグループは同所的に発生する小昆虫やヤスデ類を捕食している。

■落ち葉

落ち葉が堆積して腐朽し、ある程度湿り気をもつ状態が観察に適している。落ち葉層は標高や植生によって性格が異なるために、ここでは3つの環境に分けた。

●山地の落葉樹林

地形に起伏があるため落ち葉のたまり方に差が生じ、さまざまな微小環境が存在する。

ミヤモトフタガタカメムシ♂ 雌雄で形が違う微小なカメムシ。捕食性と考えられる

ムラクモナガカメムシ ナガカメムシ類は自然林の落ち葉層で大きな割合を占める

落葉広葉樹を主体とした山地の自然林

●平地の落葉樹林

おおむね一様に葉が積もるため、岩や枯れ木のまわりに積もった落ち葉が狙い目。

ヒメクビナガカメムシ 原始的な小型のカメムシで幼虫を目にすることが多い。動物食である

アカシマサシガメ ビロウドサシガメ亜科の種はいずれもヤスデを捕食する

●照葉樹林

林床は光が差さず常に薄暗いが、落葉樹林とは異なったカメムシが観察される。

ルイスチャイロナガカメムシ　他のチャイロナガカメムシ類とは異なり、落ち葉層だけに見られる。控えめな白い斑紋が美しい

ヨコヅナツチカメムシ　照葉樹林を主な生息地とする大型のツチカメムシ

■枯草

畑の脇に積まれたわらや放置された刈り草の堆積には、小さな昆虫を捕食するカメムシが観察される。

積み上げられた刈り草

ヤサハナカメムシ　枯草だけでなく葉のついた枯枝などにも見られる普通種。大発生することも珍しくない

ヒメオオメナガカメムシ　地表部で捕食生活を送るため、枯草中の個体数も非常に多い

キバネアシブトマキバサシガメ　枯草の堆積中に発生するカメムシを好んで捕食する。他のマキバサシガメ類と異なり、翅は通常短い

地面を探す ③ 倒木・地中

森林などの倒木には部位ごとに異なったカメムシが見つかる。土壌中には、特化した脚を利用して地中を掘り進むツチカメムシ類がおり、海浜砂地を含む幅広い環境に進出している。

■倒木

表面、樹皮下、地表との接地面、内部とそれぞれに異なった種類が生活している。

●表面

倒木の表面に集まるオオヒラタカメムシ 材が倒れて間もない頃から飛来し、おびただしい個体が集まることもある

●樹皮下

倒木樹皮下のタスキホソナガハナカメムシ 樹皮下で捕食生活を送る小型の種で、体はヒラタカメムシのように扁平。幼虫とともに見つかることも多い

●接地面

地表との接地面にいるクロヒラタカメムシ 倒木をひっくり返すと、表面に発生した菌とともに見られる

●内部

ビロウドサシガメ亜科のクビグロアカサシガメ 倒木内部には越冬時の隠れ家として（ビロウドサシガメ亜科、クロモンサシガメ亜科）、またはヤスデ類を捕食するためにとどまる(ビロウドサシガメ亜科)

■地中

地中に進出したツチカメムシ類は、棘の密生した脛節を使って土を掘り、地中にのびた植物の根をおもな栄養とする。

ヒメクロツチカメムシ　人家の庭から耕作地、森林に至るまで個体数は多い。地中だけでなく地表でも徘徊活動する

スケバツヤツチカメムシ　体は暗褐色だが革質部が広く半透明になる

ジムグリツチカメムシ　地中生活に特化した形態をし、他のツチカメムシ類に比べ脚の変形が著しい

ハマベツチカメムシ　海岸の砂地消滅とともに減少が危惧される。マルツチカメムシより体は丸い

スナコバネナガカメムシ　海岸や河川のイネ科植物の根ぎわで見つかる。シバに被害が発生している

コウボウムギの生える海岸草地

水辺を探す ① 湿地・田んぼ

ここからは水環境に暮らすカメムシたちを見てゆこう。陸地から水域への境目となる湿地、身近かつ人工的な水域である田んぼに暮らす水生カメムシを紹介する。

●水中

水中で獲物を狙い、強力な前脚ではさみ込む。体長2cm以上の大型種である。

田んぼとコオイムシ(卵を背負う♂)　♀は♂の背中に卵を産み、子を背負う姿が名前の由来

タイコウチ　泳ぎ方は太鼓を打つ姿に似る。このように水生カメムシには面白い名前をもった種がたくさんいる

ヒメタイコウチ　湿地に生息し半陸生となる。タイコウチよりも小さく、腹部先端の呼吸管は短い

●水面

浮草や植物で覆われた水面で生活する。多くが2mm程度の微小種である。

ケシカタビロアメンボ(下:無翅型、上:長翅型)
田んぼや湿地の水面で生活し、浮草の上にも多い。無翅型と長翅型が知られ、水面の滑走は小さくとも立派なアメンボである。

オキナワイトアメンボ
水生カメムシの中で、もっとも細い棒状をしたグループである

●湿土上

湿土上で生活する。多くが2mm程度の微小種である。

ケシミズカメムシ
湿地や休耕田の湿土上に見られ、開放的な水面にはあまり出ない

水辺を探す ②-1 池沼の水中

池沼はもっとも多くの水生カメムシを育む環境である。水面で活動する種、水中生活を行う種、または植物との関わりが強い種など広い範囲にわたる。まずは水中で生活するものから見ていこう。

●体長3cm以上の大型種

捕獲用の前脚で獲物をとらえる。活発に泳ぎ回ることはない。

タガメ　日本最大級のカメムシで、水辺のギャングとも称され魚などを捕食する。近年減っている。体長は大きい個体で6cmにもなる。右の写真は落葉上のタガメ

ミズカマキリ　場所によっては高密度でいることもある。河川敷にできた一時的な浅い水域でも見つかる

ヒメミズカマキリ　ミズカマキリより小型で、ある程度の水深をもつ池沼を好む

水草の豊富な沼とそこに生息するコバンムシ　コバンムシは絶滅の危機にある水生カメムシ

●体長2cm以下の小～中型種

コバンムシを除いて前脚は捕獲用とならない。グループによって活動する水深はさまざまで、一般によく泳ぎ回る。

マツモムシ 腹面を見せた仰向けの姿で水面下を泳ぐ。空気の貯まった腹面は銀色に輝いて見える

マルミズムシ 非常に小さな水中性のカメムシ。拡大するとマツモムシに似ていることがわかる

ホッケミズムシ マツモムシとは異なり、背面を上にして水中を泳ぐ。ミズムシ類は底性で藻を食べる種が多い

コマツモムシ 各地にふつうに見られ、ときに群れる。マツモムシよりずっと小型で、体色は成虫・幼虫とも白っぽい。写真は幼虫

人工的な水環境にも水生カメムシがいる

学校のプールなど、人工的な水環境にも水生カメムシが見られることがある。これは水を求めて飛来移動する能力が高いことを示している。

学校のプールとそこで見つかったマツモムシ

水辺を探す ②-2 池沼の水面

池沼の水面を泳ぐアメンボ類は、種ごとに異なった水環境を選好する。

① 開放水面

日当たりがよく、浮葉・抽水植物のない水面で、一般的な池沼の中心部分。

ケラに群がるヒメアメンボの成・幼虫　止水域を好むため、一時的な水たまりや庭の水がめにも見られることがある。ナミアメンボよりだいぶ小型だが、目にする機会が多いせいか混同されやすい

開放水面とオオアメンボ　水面を悠々と泳ぎ、波紋でコミュニケーションをとる

② 浮葉植物の繁茂する水面

ここではヒシやジュンサイに覆われた池沼を指す。

ヒシに覆われた水面とハネナシアメンボ
浮葉植物に発生するジュンサイハムシとともに見つかり、恒常的に捕食している可能性がある。このような植物がないと本種の姿を見ることは難しい。通常は無翅型となる

③ スゲで覆われた水面

カサスゲなどが水面を覆い、日差しの届きにくい陰になった止水域。

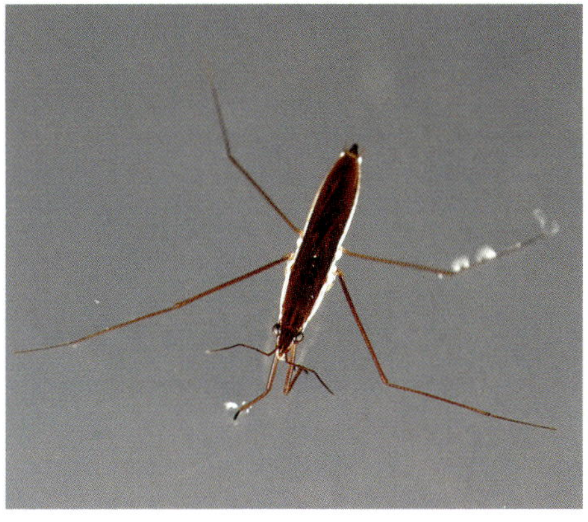

スゲ・ヨシに覆われた暗い水面とエサキアメンボ
スゲ群落の茂った暗い水面で活動し、日差しのある開放水面に出ることは（早春、晩秋を除き）ほとんどない。腹部結合板が銀色に輝く美しいアメンボ

④ 木陰の暗い水面

木々に囲まれて影ができるような、日差しの少ない水面を指す。

木陰の暗い水面とヤスマツアメンボ　山地に優勢な本種は平野部にも見られるが、開放水面に出ることは少なく、もっぱら木陰の水面に見られる。森林にできた水たまりにいることもある

アメンボ類以外の水面生活者

アメンボ類以外の水面生活者に目を向けてみよう。ミズカメムシ類は水面を素早く遁走するので、観察はできても捕獲は容易ではない。

ミズカメムシ類
ヒシの浮くような水面に見られ、葉上に比較的多い。体は緑色をしており、見つけにくい。通常は翅を欠く

水辺を探す ③ 河川環境

河川は流水性カメムシのすみかとなる。水域のみならず、周囲の石上、湿土上にも注意してみよう。

■上流部（細流・渓流のような源流域を含む）

① 水中

ナベブタムシ プラストロン呼吸（第1章 p.31 参照）を進化させた究極の水生カメムシで、外部から空気を取り入れることなく、一生を水中で暮らすことができる

② 流れのある水面

シマアメンボ 里山から山間にかけての渓流によく見られる。群れていることが多い。ときに有翅型が現れる

（★急流にはいない）

③ 緩流・淵の水面

エグリタマミズムシ 河川の上流から中流に生息する。川岸の流れがゆるやかで草や根が浸かっている場所を好み、川底の石や礫の上を歩く

④ 岩の上や転石

オモゴミズギワカメムシ 渓畔の石上で生活し、素早く飛び回る

■中下流（平野部に見られる一般的な河川環境を含む）

① 水際の植物間（水面）

ナミアメンボ（左：群れ、上：成虫） 川岸の流れがゆるやかな場所や止水域にふつうに見られる。しばしば成虫と幼虫で大きな群れをつくる

② 岸辺の湿土上

ミズギワカメムシ類 メミズムシに一見似るが触角は長く発達し、よく飛ぶ

メミズムシ 岸辺の湿土上を跳ねる。幼虫は泥をかぶり隠蔽的な外観となる

③ 石の下

河原の石の下を調べる

カワラムクゲカメムシ 石の下に見られる微小なカメムシで、水辺の湿った場所を好む。カワラムクゲカメムシには多くの未知種が残っており、上流から河口まで、いくつかの異なった種が見つかっている

水辺を探す ④ 海岸

海岸の水生カメムシは通常見つけにくいが、生息環境ごとに多様な種類が見られる。

① 浜辺

浜辺のアシブトメミズムシ　九州南部以南の海岸の浜辺や落ち葉下におり、ダンゴムシなどを捕食する。前脚は捕獲用に発達している

② 礫

礫の下に住むウミミズカメムシ
海岸の礫を掘ると見つかり、水面に見られる他のミズカメムシ類とは生活環境が大きく異なる

③ 岩礁

サンゴカメムシ　甲虫のような翅をした微小種で、一般のカメムシのような膜質部がない

サンゴミズギワカメムシ
南西諸島の磯に生息する

④ 沿岸水面

ウミアメンボ類の生息する入江

ウミアメンボ　ウミアメンボ亜科に属し、ケシウミアメンボより活動範囲は広い。波の穏やかな内湾に生息する

ケシウミアメンボ
ウミアメンボと称されているが実際はカタビロアメンボの仲間。岸辺や潮だまりに見られる

建物を探す

自然環境だけでなく、建物のような人工的環境にもカメムシがよく見つかる。ここでは家屋、工場(飼料、穀物庫)、灯火の3つの要素を紹介したい。

●家屋

カメムシは、侵入する不快害虫、または人体を刺咬する衛生害虫として知られている。越冬のために家屋に侵入するカメムシは大集団となることも多く、臭気だけでなく食物や衣類への混入などの被害も大きい。

越冬のため屋内に侵入したスコットカメムシ

トコジラミ　一時は激減したが再び増えている都市部もある。刺されると痒さがしばらく続く。後退しながら点々と吸血するので、刺しあとが一列に並びやすい
(宮本博士口伝)

●工場

穀物庫や貯蔵飼料に発生する小昆虫を捕食するカメムシがいる。

穀物倉庫とそこに見られたクロアシブトハナカメムシ　野外だけでなく飼料や養鶏場でも見いだされることがある

スーパートコジラミ?!

自然界には鳥の巣に生息するツバメトコジラミ類（イワツバメの巣に）、コウモリの体表に寄生するコウモリトコジラミ（ヒナコウモリのコロニーに）などが知られているが、薬剤耐性を身に付けたトコジラミが防除上の悩みの種となっている。寄主動物に適応を遂げたトコジラミ類だが、一部の種は薬剤への耐性獲得という「進化」を現在も続けている。

コウモリトコジラミ（円内）と生息環境

●灯火（紫外線）

走光性が強いカメムシは灯火によく飛来する。

ライトに誘引されたチャバネアオカメムシとツヤアオカメムシ

ライトに集まったチャバネアオカメムシの大群

夜通し明るいコンビニとその壁に
飛来したカタグロミドリカスミカメ
（タイ中部）

窓の灯りに飛来したトゲサシガメ（ヤンゴン）

意外なすみか

人間にとって生活の厳しい環境、例えば高山や遠洋にもカメムシが生息しており、それぞれの環境に適応馴化している。

●高山

標高2,000mを超える高山帯にすむカメムシたちの多くは、氷河期を今に伝える希少な遺産。

ハイマツ帯とハイマツハナカメムシ　ハイマツに発生するアブラムシを捕食する

翅の退化したケブカクロカスミカメ　高山環境に固有で、より低地にいる近縁群に比べて翅が退化している

虫こぶをつくるヒゲブトグンバイ

ニガクサやシモバシラなど、シソ科植物のつぼみにはヒゲブトグンバイが虫こぶをつくる。このような生態はカメムシにおいては大変珍しく、虫こぶを割ると1頭ずつ本種が入っている。

ヒゲブトグンバイの成虫

虫えい内の成虫

ヒキオコシに形成されたヒゲブトグンバイの虫えい

●遠洋上

沿岸部を離れ、果てしなく広がる遠洋部にはウミアメンボ類の仲間が見られる。遠洋に生息できる昆虫はカメムシだけだ。

コガタウミアメンボ

打ち上げられた遠洋性ウミアメンボ類　海面を泳ぐ姿を目にすることは難しいが、台風や悪天候下では、強風によって浜に吹きだまることがある。右の写真は徳島県の太平洋岸に大量に打ち上がったコガタウミアメンボ、センタウミアメンボ、ツヤウミアメンボの3種（大原賢二氏原図）

●塩生植物群落

海岸〜河口の塩生植物だけに生息するカメムシも知られる。

干潮時のマングローブ帯

（宍戸孝行氏原図）

ハママツナ群落とハリマテンサイカスミカメ　河口や海岸の塩生植物にもカメムシ類がすんでいる。南西諸島のマングローブ帯も珍しいカメムシが見つかる好ポイントだ。しかし、護岸工事や水質汚染で、寄主植物ともども悪影響を受けやすい

〈番外編〉こんなところにもカメムシが…

吸血性のトコジラミ類が鳥の巣に生息していることは「建物を探す」(p.90)で紹介したが、いくつかの捕食性カメムシも鳥の巣や鶏舎に同居することがある。

ケシハナカメムシはカササギの巣からも見つかっている

樹上高くかけられたカササギの巣

鶏舎の餌箱でも生息が確認されたヨツボシキノコカスミカメ

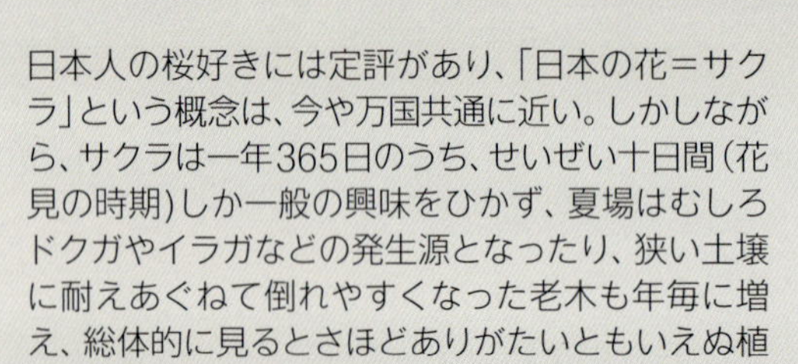

カメムシと桜

日本人の桜好きには定評があり、「日本の花＝サクラ」という概念は、今や万国共通に近い。しかしながら、サクラは一年365日のうち、せいぜい十日間（花見の時期）しか一般の興味をひかず、夏場はむしろドクガやイラガなどの発生源となったり、狭い土壌に耐えあぐねて倒れやすくなった老木も年毎に増え、総体的に見るとさほどありがたいともいえぬ植物である。

葉の茂った頃のサクラ並木は、人間にとって暑さしのぎの日陰くらいしか恩恵はないが、実は都市環境にすまうカメムシたちに、貴重な生活の場を提供している。ほうぼうに植えられたサクラの木々を足がかりに分布を広げているカメムシも少なくない。関東以西の都市部や住宅地のサクラには、カメムシが少なくとも3種はついていると思う。かつて滅多に採れなかった珍品が、公園のサクラにひょっこりいて、びっくりさせられることもある。

アシマダラアカサシガメ

イッカククカスミカメ

ウシカメムシ

ナシグンバイ

第3章
いろいろなカメムシ

本章では日本に見られる陸生〜水生カメムシ全55科について、できるだけ簡潔に特徴をまとめ、紹介します。科を知ることが、同定への一番の近道です。手元のカメムシの名前がわからないとき、やみくもに図鑑のページを繰って絵合わせするより、該当する科の部分だけ調べることができれば、属や種の特定が楽ちんです。私もカメムシの勉強を始めたころは、まずは科を一目で見わけられるようになろうと心がけたものでした。この章が、本書を手にとられた皆さんにとって、少しでもお役に立てたら幸いです。

（石川　忠）

カメムシの系統と分類

コオイムシ科
(p.152)
タイコウチ科
(p.154)
ミズムシ
科(p.157)
アシブト
メミズムシ科
(p.161)
メミズムシ
科(p.161)
コバンムシ
科(p.159)
ナベブタ
ムシ科
(p.160)
マツモムシ
科(p.156)
タマミズ
ムシ科
(p.158)
マルミズ
ムシ科
(p.158)
タイコウチ下目

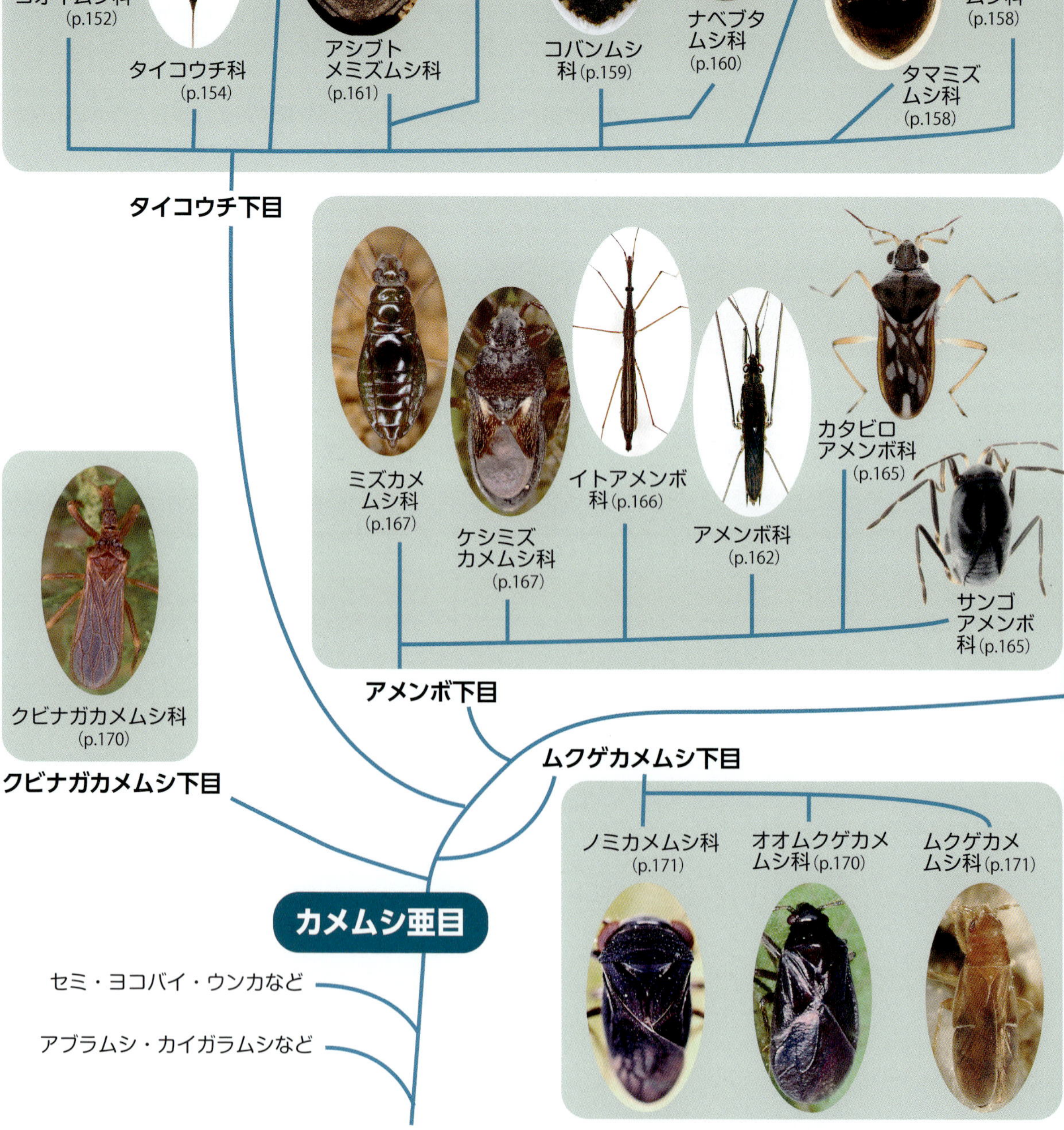
ミズカメ
ムシ科
(p.167)
ケシミズ
カメムシ科
(p.167)
イトアメンボ
科(p.166)
アメンボ科
(p.162)
カタビロ
アメンボ科
(p.165)
サンゴ
アメンボ
科(p.165)
アメンボ下目
クビナガカメムシ科
(p.170)
クビナガカメムシ下目
ムクゲカメムシ下目
ノミカメムシ科
(p.171)
オオムクゲカメ
ムシ科(p.170)
ムクゲカメ
ムシ科(p.171)
カメムシ亜目
セミ・ヨコバイ・ウンカなど
アブラムシ・カイガラムシなど

トコジラミ下目

カメムシ下目

ミズギワカメムシ下目

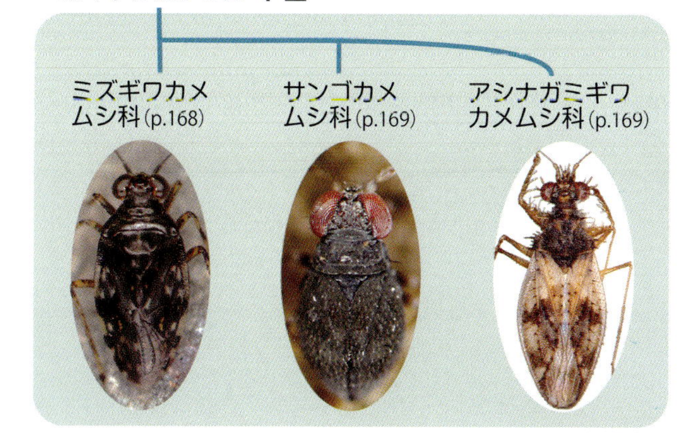

カメムシ科

体　長▶4〜20mm
色　彩▶さまざま
食　性▶植食性、ときに捕食性
すみか▶植物上
多様性▶日本から約85種、世界から4,700種以上

カメムシ科の一般体制（写真はトホシカメムシ）

（写真はチャバネアオカメムシ）

小楯板の先端部から腹部（写真はチャバネアオカメムシ）

【亜科の区別】　口吻の形態で見分ける

■カメムシ亜科・クロカメムシ亜科：口吻は細長い

クロカメムシ亜科の口吻

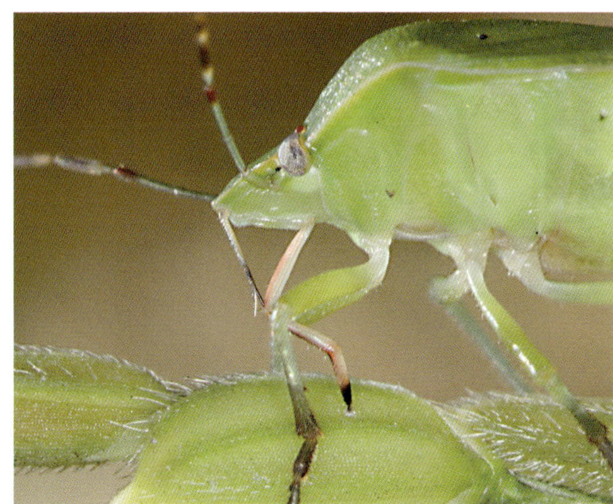

吸汁中のカメムシ亜科

■クチブトカメムシ亜科：口吻は太く平たい

クチブトカメムシ亜科の口吻

吸収中のクチブトカメムシ亜科

■エビイロカメムシ亜科：口吻は短い

エビイロカメムシ亜科の口吻

エビイロカメムシ亜科は触角も短い

【カメムシ亜科のカメムシ】

■**緑色系のカメムシ**：お互いに似ているものが多い

チャバネアオカメムシ。前翅革質部が茶色

エゾアオカメムシ。前翅膜質部が黒っぽい

ツヤアオカメムシ。全体的に光沢が強い

ツノアオカメムシ。前胸背側角が棘状に強く張り出す

アオクサカメムシ。小楯板の前縁に白い点が3つ並ぶ。ミナミアオカメムシによく似る

■**アオクサカメムシとミナミアオカメムシの違い**

アオクサカメムシ；前胸背側角が突出する

ミナミアオカメムシ；前胸背側角はあまり突出しない

【カメムシ亜科のカメムシ】

■茶色系のカメムシ：形や配色はさまざま。体の形、前胸背側角の形、模様・斑紋で見わける

ブチヒゲカメムシ

トゲカメムシ

タマカメムシ

ウシカメムシ

トゲシラホシカメムシ

■シラホシカメムシ類の背面の比較：この仲間は小型でよく似ているが、前胸背側角の突出の具合や小楯板の形、小楯板の白い点の大きさで見わけられる

オオトゲシラホシカメムシ

シラホシカメムシ

マルシラホシカメムシ

ムラサキシラホシカメムシ

【カメムシ亜科のカメムシ】

アシアカカメムシ

クサギカメムシ

スコットカメムシ

ウズラカメムシ

シロヘリカメムシ

ナガメ。黒とオレンジの配色が特徴的

ヒメナガメ。背面の模様がナガメと異なる

【クロカメムシ亜科のカメムシ】

■黒っぽい体色をしたカメムシがほとんど。アカスジカメムシは赤と黒の縦縞が目立つ

アカスジカメムシ

イネクロカメムシ

【クチブトカメムシ亜科のカメムシ】

■色や模様はさまざま。カメムシ亜科のカメムシと似かよったものも多いので、まずは口吻の太さを確かめるとよい

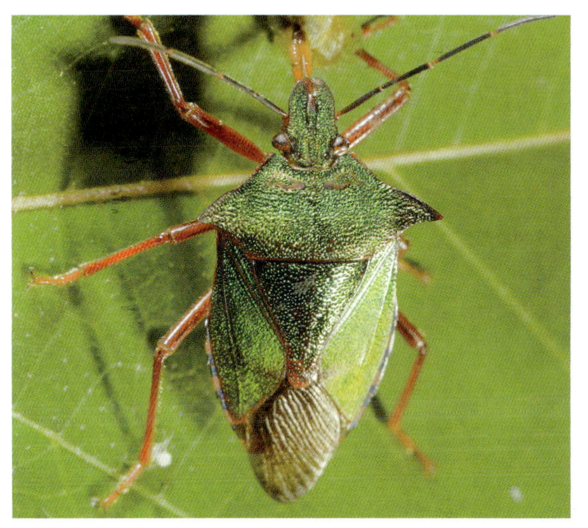

アオクチブトカメムシ。ツノアオカメムシ(p.100)に似ている

アカアシクチブトカメムシ。アシアカカメムシ(p.102)に似ている

【エビイロカメムシ亜科のカメムシ】

■細長い五角形をしている。日本には1種のみ分布する

エビイロカメムシ

キンカメムシ科

体　長▶5〜20mm
色　彩▶さまざま、ときに金属光沢
食　性▶植食性
すみか▶植物上
多様性▶日本から10種、世界から450種以上

キンカメムシ科の一般体制（写真はアカスジキンカメムシ）

前翅

左側面

アカスジキンカメムシ
5齢幼虫。成虫とは全く体色が異なる

ニシキキンカメムシ

■キンカメムシ類は標本にすると変色しやすい(第4章p.183 参照)

アカスジキンカメムシ

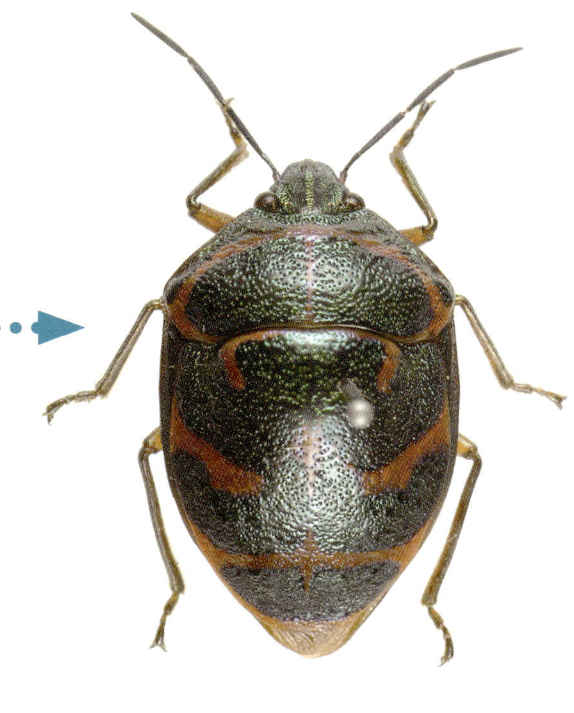
アカスジキンカメムシ、変色後の標本

ナナホシキンカメムシ

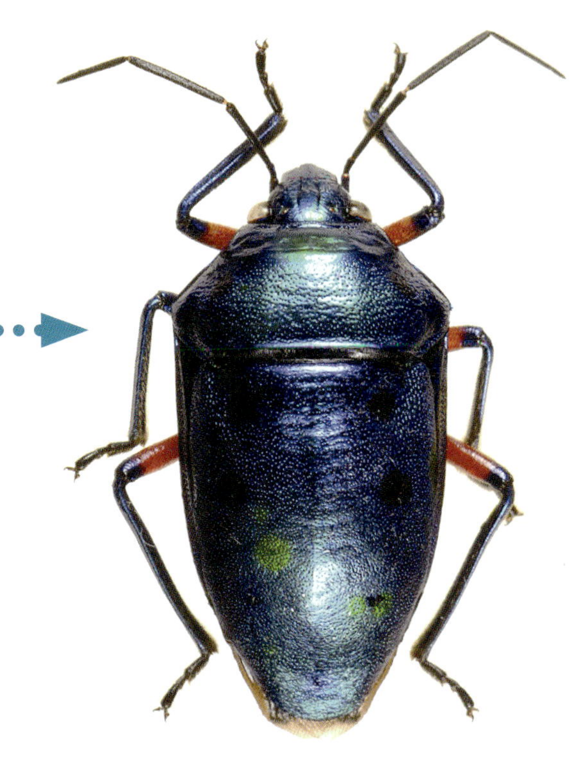
ナナホシキンカメムシ、変色後の標本

オオキンカメムシの集団(上)、オオキンカメムシ♂(下)

チャイロカメムシ。地味だが、これでもキンカメムシ科の一員

アカギカメムシ。右は有棘型。まれに前胸背側角に棘をもつ

アカギカメムシの集団

ノコギリカメムシ科

体　長▶9～27mm
色　彩▶茶褐色～黒褐色
食　性▶植食性（ウリ科・ブナ科）
すみか▶植物上
多様性▶日本から4種、世界から約100種

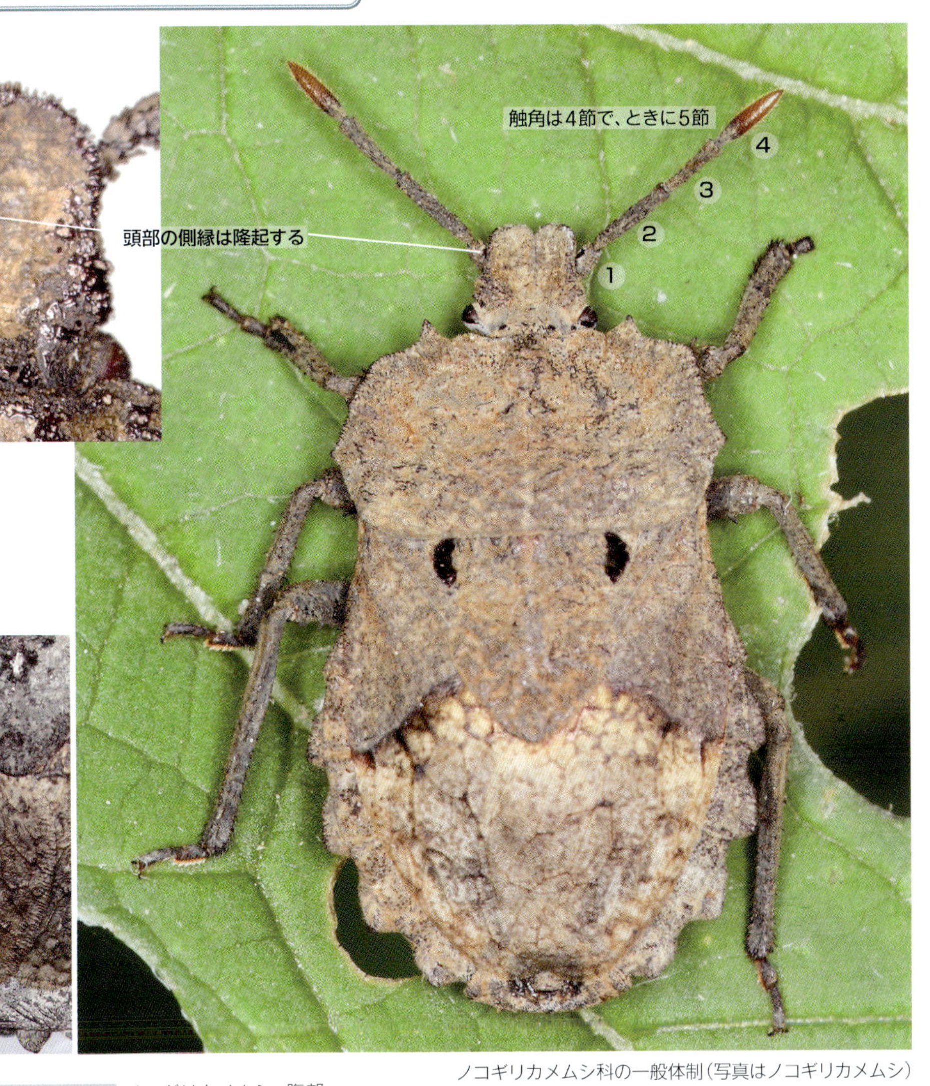

斜め上側面から見た頭部

前翅膜質部の翅脈は
編み目状

ノコギリカメムシ科の一般体制（写真はノコギリカメムシ）

ノコギリカメムシ。腹部の側縁がのこぎりのようにギザギザになっているのが名前の由来

ヒロズカメムシ

ツノカメムシ科

体　長▶6〜18mm
色　彩▶地色は緑色、ときに黄褐色〜茶褐色
食　性▶植食性
すみか▶樹上
多様性▶日本から27種、世界から約180種

ツノカメムシ科の一般体制（写真はハサミツノカメムシ）

斜め下側面から見た頭部と胸部

オオツノカメムシ。前胸背の大きな棘がとてもりっぱ

フトハサミツノカメムシ。越冬中は体色が黄色っぽくなる

ハサミツノカメムシ。♂の腹端には1対の大きな突起がある

■ハサミツノカメムシ類3種の♂腹端突起

ハサミツノカメムシ：突起は広がらない

ヒメハサミツノカメムシ：突起は広がり、先端に毛の束がある

イシハラハサミツノカメムシ：突起は広がるが、毛の束はない

■ハサミツノカメムシ類3種の♀腹端

ハサミツノカメムシ：腹端は双山状に強く突出

ヒメハサミツノカメムシ：腹端はほぼ直線状

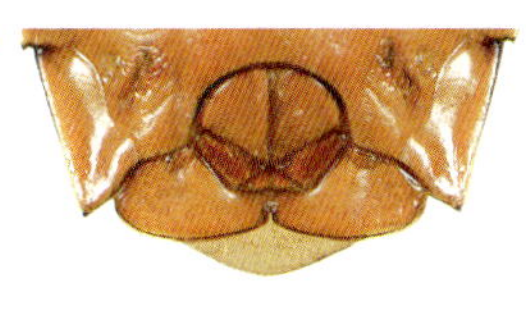
イシハラハサミツノカメムシ：腹端は弱く突出

ヒメツノカメムシ。色の種内変異が大きい

エサキモンキツノカメムシ。背面に黄色の紋をもつ

■モンキツノカメムシ類2種の小楯板の模様

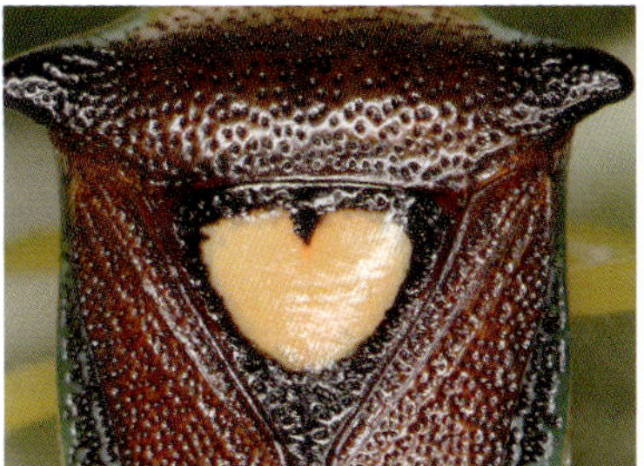
エサキモンキツノカメムシ：ハート形

モンキツノカメムシ：三角形

ツチカメムシ科

体　長▶2〜20mm
色　彩▶多くが茶色〜黒、ときに淡色紋や金属光沢
食　性▶植食性
すみか▶多くが地中や地表
多様性▶日本から23種、世界から約930種

ツチカメムシ科の一般体制（写真はツチカメムシ）

■体が白く縁取られた3種

フタホシツチカメムシ

ミツボシツチカメムシ

シロヘリツチカメムシ

ヨコヅナツチカメムシ。その名のとおり、大きく重量感がある

ハマベツチカメムシ。名前が示すとおり、砂浜にすむ

ジムグリツチカメムシ。体は丸く、前脚脛節が変形している

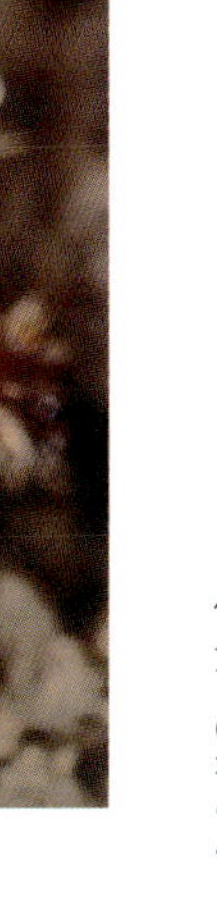

ベニツチカメムシ*
（*ベニツチカメムシ科とされることもある）

クヌギカメムシ科

体　長▶3.5〜14mm
色　彩▶さまざまだが、緑色系が多い
食　性▶植食性
すみか▶多くが樹上
多様性▶日本から5種、世界から約90種

クヌギカメムシ科の一般体制（写真はヘラクヌギカメムシ）

ナシカメムシ

クヌギカメムシ

■クヌギカメムシ類3種の腹端：雌雄とも形が異なる（雄は突起の形）。また、クヌギカメムシの気門は黒色で縁取られるが、他の2種は着色されない

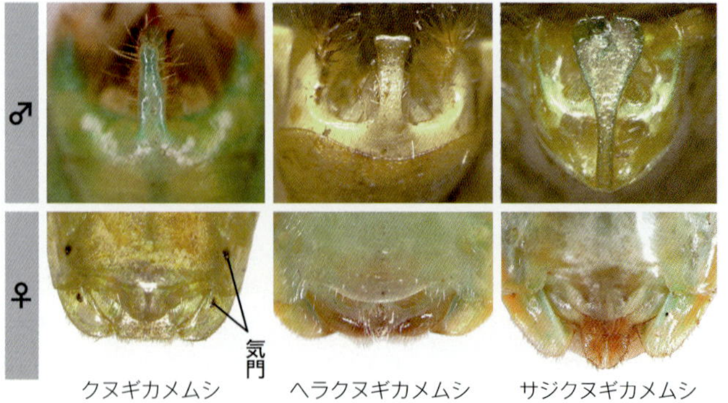

クヌギカメムシ　ヘラクヌギカメムシ　サジクヌギカメムシ

マルカメムシ科

体　長▶2〜20mm
色　彩▶さまざまだが、緑色系・黒色系が多い
食　性▶植食性
すみか▶植物上
多様性▶日本から15種、世界から約530種

たたまれた前翅

体は厚い

側面

マルカメムシ科の一般体制（写真はマルカメムシ）

伸びた前翅。前翅は小楯板の下にたたまれる

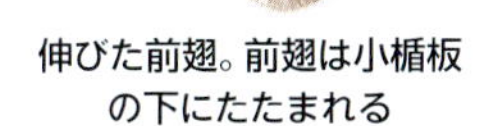

マルカメムシの集団。緑色のマルカメムシ類に比べて、黒色のマルカメムシ類はあまり見かけない

タデマルカメムシ

ツヤマルカメムシ

ヘリカメムシ科

体　長▶7～45mm
色　彩▶さまざまだが、茶褐色系が多い
食　性▶植食性
すみか▶植物上
多様性▶日本から28種、世界から1,800種以上

ヘリカメムシ科の一般体制
（写真はホシハラビロヘリカメムシ）

前翅膜質部

■後脚に突出部があることが多い

ホオズキカメムシ

アシビロヘリカメムシ

ハラビロヘリカメムシ。ホシハラビロヘリカメムシに似るが、前翅の黒点は目立たない

ホオズキカメムシ

■アシビロヘリカメムシ類2種

アシビロヘリカメムシ

マツヘリカメムシ

●後脚脛節の比較

■ハリカメムシ類
近似3種の比較：
体の大きさや幅で
見わけられる

ハリカメムシ：体長10mm前後で幅広い

ホソハリカメムシ：体長9mm前後で細め

ヒメハリカメムシ：体長8mm以下で幅広い

ツマキヘリカメムシ。近似種にオオツマキヘリカメムシがいる

■ツマキヘリカメムシ類2種の腹部末端の比較

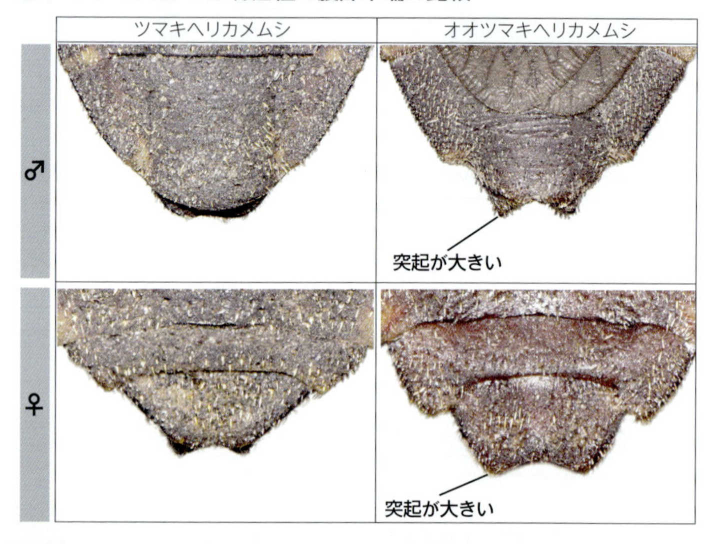

オオクモヘリカメムシ

オオヘリカメムシ。前胸背の形に特徴

キバラヘリカメムシ。背面は地味だが、腹面は鮮やかな黄色

外観が似通うナガカメムシ・ホシカメムシ・ヘリカメムシ3上科の見わけかた

第3章では、カメムシの科ごとに特徴的な形態形質を示してあります。本書をざっと眺めるだけで、調べているカメムシがどの科のものか即座にわかる場合もあるかと思いますが、外観が似ているグループ同士の場合、見当違いなページを探すような不都合も生じ得ます。そこで、とくに間違いやすいと思われるナガカメムシ類(p.124〜135)・ホシカメムシ類(p.121〜123)・ヘリカメムシ類(p.114〜120)を正確に見分ける方法について触れておきます。
ナガカメムシ類・ホシカメムシ類・ヘリカメムシ類には、それぞれ11科・2科・4科が日本から知られています。すべてカメムシ下目に含められており、いずれも分類学上、上科という階級(ランク)が当てられています。これら3つの上科に含まれるカメムシは、たいていよく似た細い体形となるので、同定を誤りやすい一群です。しかし、2つの部位を調べると、ナガカメムシ上科・ホシカメムシ上科・ヘリカメムシ上科を明確に区別できます。ひとつが単眼の有無、もう一つは前翅膜質部の翅脈の数です。ナガカメムシ上科では「単眼がある＋翅脈は5本以下」、ホシカメムシ上科では「単眼がない＋翅脈は10本前後」、ヘリカメムシ上科では「単眼がある＋翅脈は10本以上」です。下の表も参考にして下さい。ただし、ナガカメムシ上科では短翅型だと単眼が消失するといった例外もあります。これらの特徴は肉眼ではわかりづらいかもしれませんが、検鏡するまでもなく、ルーペを使えば視認できるでしょう。

外観が似通う３上科を見わけるポイント

上　科	単眼	前翅膜質部の翅脈
ナガカメムシ	ある	5本以下
ホシカメムシ	ない	10本前後
ヘリカメムシ	ある	10本以上

まだまだ未記載種の残るニッポンのカメムシ類

「日本原色カメムシ図鑑シリーズ」(全3巻)には、ざっと1,100種のカメムシが紹介されています。それでもなお、少なからぬ未知種が存在します。こうした種が(水生・半水生のグループも含め)記載あるいは正確に同定されたとすれば、日本のカメムシはおそらく1,500種くらいの規模に膨れあがると考えられます。たいていの科群に多少の未記載種が残っていますが、とりわけ、広義のナガカメムシ類、グンバイムシ類、カタビロアメンボ類、ムクゲカメムシ類に学名や和名のない「名無しの権兵衛」さんがひそんでいます。
未記載種、いわゆる新種というものは、必ずしも深山幽谷や亜熱帯の島々の探索で発見されるわけではなく、ふつうに私たちの身のまわりにいながら、ずっと見すごされてきたような「隠れた新種」もあります。その好例が最近、長崎県の大村湾から見つかったナガサキアメンボでしょう。この種は大村湾にたくさん泳いでおり、ずいぶん前から認識されていたのですが、ナミアメンボと一見何の変哲もないため、「このあたりのナミアメンボは海水でも生活できるらしい…」程度にしか思われていませんでした。ところが、疑問を抱いた地元の高校生たちが洗いなおしたところ、実は塩水に適応を遂げた新種だったことが明らかになったのです(第1章 p.56)。先入観にとらわれなかったティーンエイジャーの無垢な視点は賞賛に値します。このほか、大都市圏の公園やキャンパスから未記載のカメムシが発見されることもあります。国際空港や港湾の近くでは外来種もしばしば見つかっており、新発見の可能性は日常生活の中にもまれではないといえるでしょう。

ホソヘリカメムシ科

体　長▶8〜20mm
色　彩▶茶褐色系・緑色系が多い
食　性▶植食性
すみか▶植物上
多様性▶日本から11種、世界から200種以上

ホソヘリカメムシ科の一般体制（写真はホソヘリカメムシ）

たくさんの
翅脈がある

前翅膜質部

■ヒメクモヘリカメムシ類
2種の頭部背面の比較

ヒメクモヘリカメムシ

ニセヒメクモヘリカメムシ

クモヘリカメムシ。緑色のクモヘリカメムシ類は日本に3種いる

ヒメクモヘリカメムシ

ホソヘリカメムシ

ヒメヘリカメムシ科

体　長▶4〜15mm
色　彩▶さまざまだが、茶褐色系が多く、ときに赤色系
食　性▶植食性
すみか▶植物上
多様性▶日本から10種、世界から約210種

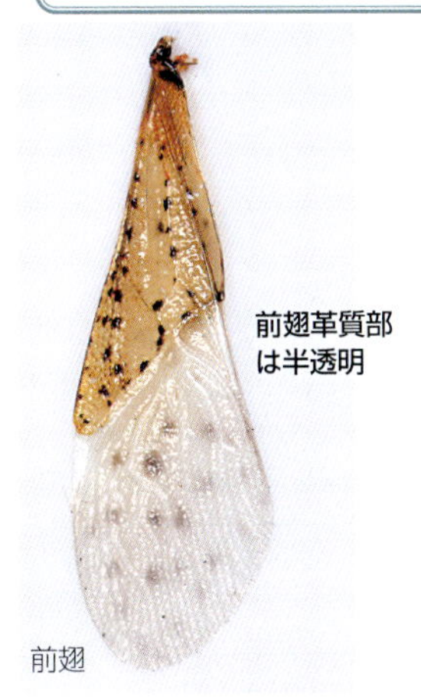

前翅

前翅膜質部

ヒメヘリカメムシ科の一般体制（写真はケブカヒメヘリカメムシ）

頭部

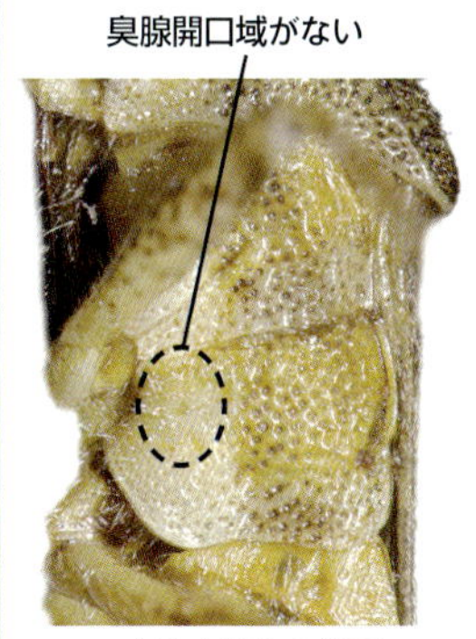

中胸と後胸の側面

ブチヒメヘリカメムシ

スカシヒメヘリカメムシ

アカヘリカメムシ。大型で派手な色彩のヒメヘリカメムシは日本に3種いる

アカヒメヘリカメムシ

ツノヘリカメムシ科

体　長▶8〜15mm
色　彩▶茶褐色系が多い
食　性▶植食性
すみか▶植物上（おもにトウダイグサ科）
多様性▶日本から2種、世界から約30種

頭部

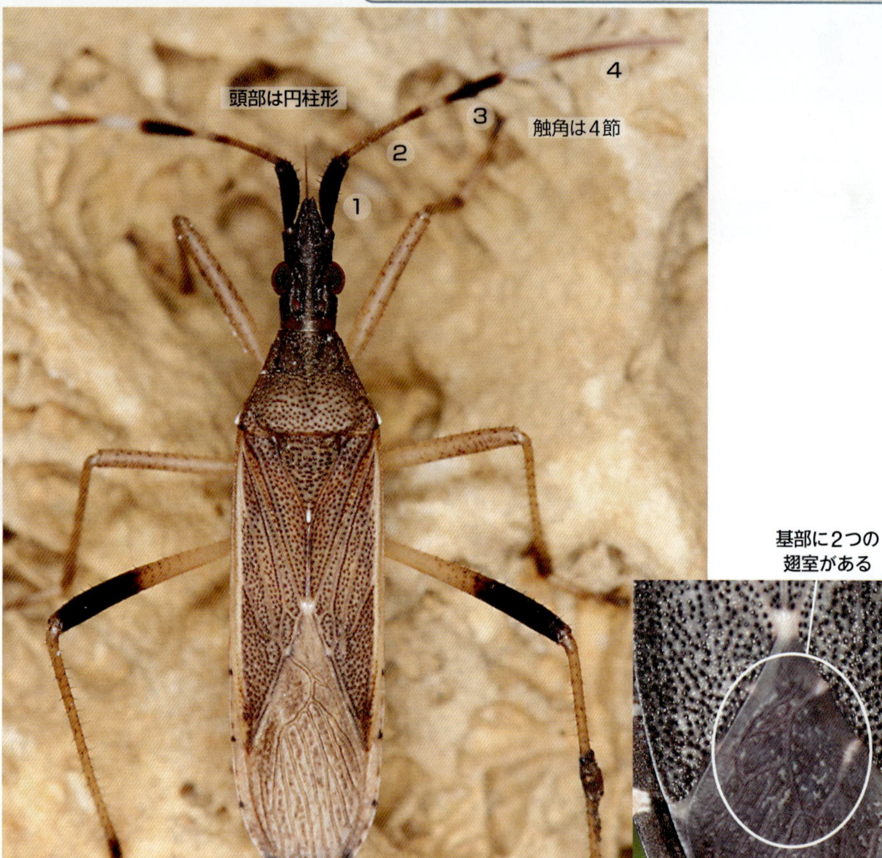

前翅膜質部

ツノヘリカメムシ科の一般体制（写真はシロヘリツノヘリカメムシ）

シロヘリツノヘリカメムシ

ブチヒゲツノヘリカメムシ

オオホシカメムシ科

体　長▶10～55mm
色　彩▶赤・黒が多い
食　性▶植食性
すみか▶地表、植物上
多様性▶日本から5種、世界から100種以上

基部に1つの翅室がある

前翅膜質部

頭部

雌腹部第7節は縦に割れる

腹部

オオホシカメムシ科の一般体制（写真はヒメホシカメムシ）

オオホシカメムシ。ヒメホシカメムシよりずっと大型で、翅の黒紋も大きい

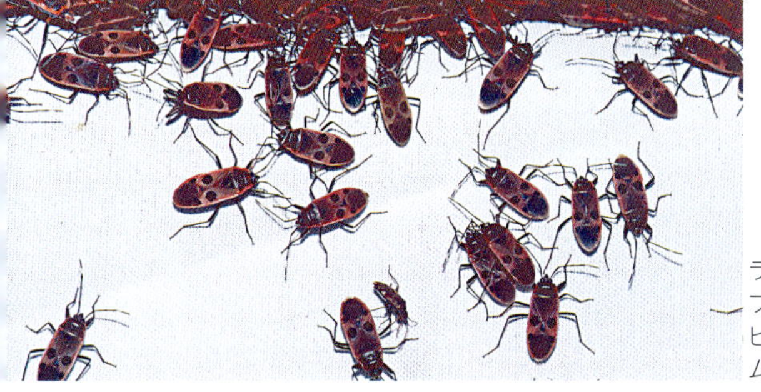

ライトトラップに飛来したヒメホシカメムシ集団

ヒメホシカメムシ

ホシカメムシ科

体　長▶8〜30mm
色　彩▶赤・黄・黒が多い
食　性▶多くは植食性だが、捕食性の種もいる
すみか▶地表、植物上
多様性▶日本から10種、世界から300種

ホシカメムシ科の一般体制（写真はアカホシカメムシ）

単眼がない

頭部

基部に2つの翅室がある

前翅膜質部

雌腹部第7節は割れない

斜め下後側から見た腹部

フタモンホシカメムシ

■フタモンホシカメムシ類2種の胸部側面の比較：胸部の基節窩（脚が胸部に関節する所）の色が異なる

フタモンホシカメムシ

クロホシカメムシ

シロジュウジホシカメムシ赤頭型

シロジュウジホシカメムシ黒頭型

アカホシカメムシ。体の側面は赤と白の縞模様

ベニホシカメムシ

マダラナガカメムシ科

体　長▶3〜16mm
色　彩▶さまざまだが、赤・黒が多い
食　性▶植食性
すみか▶植物上、地表
多様性▶日本から26種、世界から830種以上

頭部と前胸背

前翅膜質部

マダラナガカメムシ科の一般体制（写真はヒメジュウジナガカメムシ）

■**マダラナガカメムシ亜科**：黒と赤の体色

コマダラナガカメムシ

アカヘリナガカメムシ

ジュウジナガカメムシ

■**ホソクチナガカメムシ亜科**：前翅爪状部に点刻列がある

ホソクチナガカメムシ亜科の前翅

ブチヒラタナガカメムシ

ムラサキナガカメムシ

■**ヒメナガカメムシ亜科**：前翅革質部は半透明で、先端縁は湾曲する

ヒメナガカメムシ亜科の前翅

ヒメナガカメムシ。互いによく似た5種が日本に分布する

ヒョウタンナガカメムシ科

体　長▶1.5〜15mm
色　彩▶黒・茶褐色系が多い
食　性▶植食性で、一部に吸血性
すみか▶地表、植物上
多様性▶日本から約90種、世界から約2,000種

ヒョウタンナガカメムシ科の一般体制
(写真はコバネヒョウタンナガカメムシ)

前翅膜質部

腹部側面

■地味な色彩だが、模様はさまざまで奥深い

モンシロナガカメムシ

オオモンシロナガカメムシ

ヨツボシヒョウタンナガカメムシ

チャイロナガカメムシ

クロアシホソナガカメムシ

モンクロナガカメムシ

マツヒラタナガカメムシ

ヒゲナガカメムシ科

体　長▶2.5〜15mm
色　彩▶黒・茶褐色系が多い
食　性▶植食性
すみか▶植物上
多様性▶日本から6種、世界から約80種

ヒゲナガカメムシ科の一般体制（写真はヒゲナガカメムシ）

前脚

セマルナガカメムシは例外的に触角の短いヒゲナガカメムシ科の仲間

頭部（セマルナガカメムシ）

クロスジヒゲナガカメムシ

クロヒゲナガカメムシ

ミナミヒゲナガカメムシ

セマルナガカメムシ

クロマダラナガカメムシ科

体　長▶3〜10mm
色　彩▶黒・茶褐色系が多い
食　性▶植食性
すみか▶植物上
多様性▶日本から5種、世界から約100種

基部に1つ翅室がある

前翅膜質部

クロマダラナガカメムシ科の一般体制（写真はクロキノウエナガカメムシ）

触角は適度な長さで、第1節は幅の3倍ほど

2
1

頭部

クロマダラナガカメムシ

ケズネナガカメムシ

クロキノウエナガカメムシ

コバネナガカメムシ科

体　長▶3～10mm
色　彩▶黒色が多い
食　性▶植食性
すみか▶植物上
多様性▶日本から12種、世界から約400種

コバネナガカメムシ科の一般体制（写真はコバネナガカメムシ短翅型）

体は平たく、
厚みがない

側面

ニッポンコバネナガカメムシ、左：短翅型、右：長翅型

ホソコバネナガカメムシ

カンシャコバネナガカメムシの集団

オオメナガカメムシ科

体　長▶2.5〜6mm
色　彩▶黒·茶褐色系が多い
食　性▶植食性
すみか▶植物上、地表
多様性▶日本から5種、世界から約220種

大きな複眼は前胸背の前縁をこえて後ろに突出する

頭部

触角は4節
1
2
3
4

体はずんぐりで、頭部は広い

オオメナガカメムシ科の一般体制（写真はオオメナガカメムシ）

クロツヤオオメナガカメムシ、上：♂、下：♀

オオメナガカメムシ

ヒメオオメナガカメムシ

ヒメヒラタナガカメムシ科

体　長▶2.5～6mm
色　彩▶黄褐色～茶褐色が多い
食　性▶植食性
すみか▶植物上
多様性▶日本から6種、世界から約50種

ヒメヒラタナガカメムシ科の一般体制
（写真はホソヒメヒラタナガカメムシ）

頭部

チビヒメヒラタナガカメムシ

ヒメヒラタナガカメムシ

チビカメムシ科

体　長▶2〜5mm
色　彩▶黄褐色系が多い
食　性▶植食性
すみか▶植物上
多様性▶日本から3種、世界から約45種

4
3
2
1
触角は4節で短い
背面はレース状
小楯板が
見える

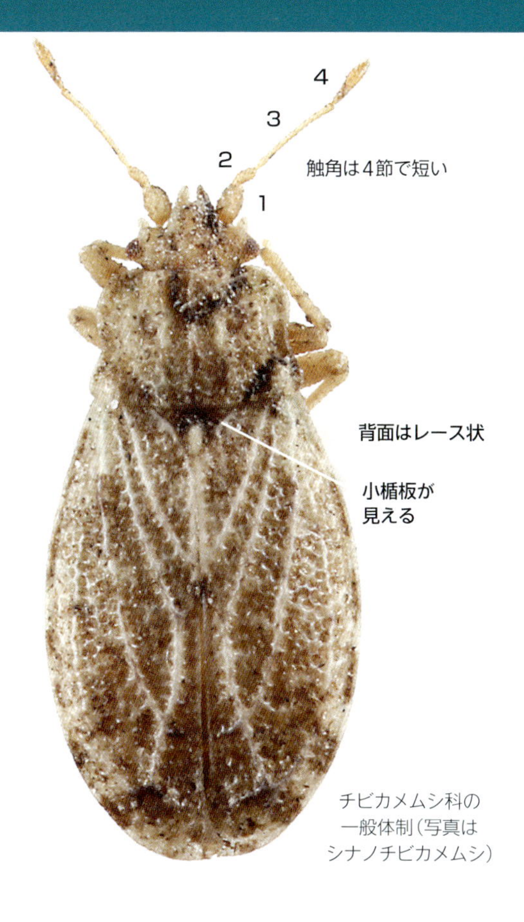

チビカメムシ科の一般体制（写真はシナノチビカメムシ）

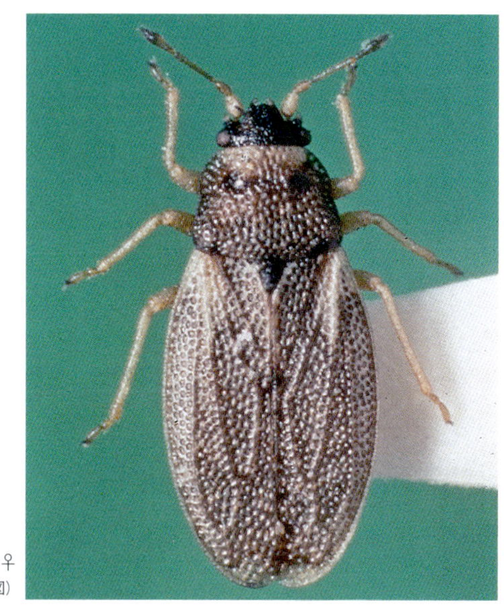

チビカメムシ♀
（友国雅章氏原図）

ホソメダカナガカメムシ科

体　長▶2.5〜5.5mm
色　彩▶茶褐色系が多い
食　性▶植食性
すみか▶植物上
多様性▶日本から4種、世界から約13種

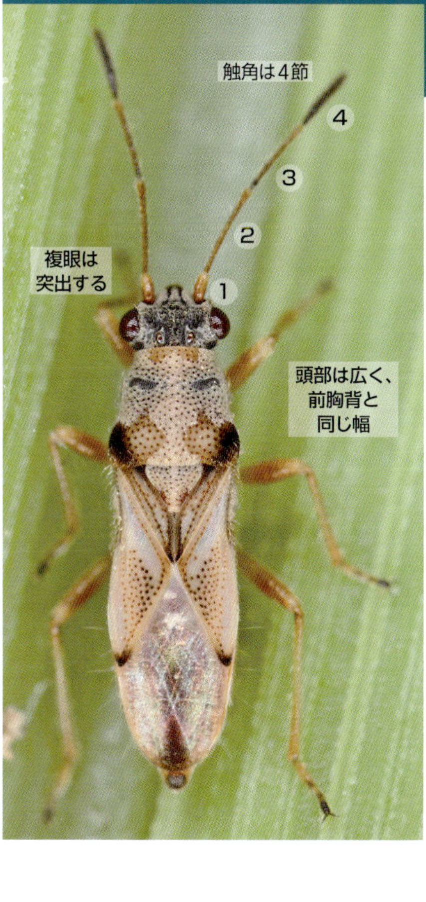

触角は4節
4
3
2
1
複眼は
突出する
頭部は広く、
前胸背と
同じ幅

ホソメダカナガカメムシ科の一般体制（写真はホソメダカナガカメムシ）

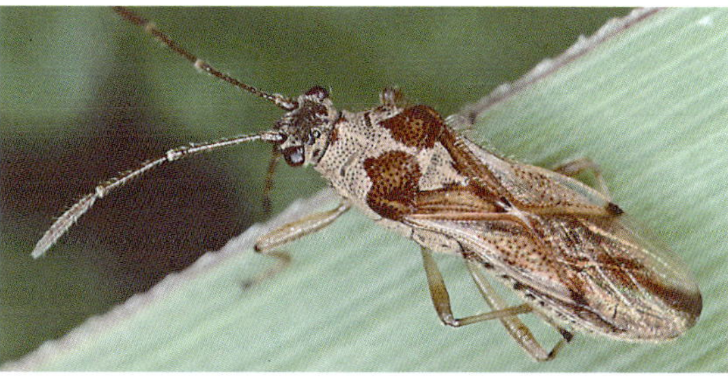

アッサムホソメダカナガカメムシ

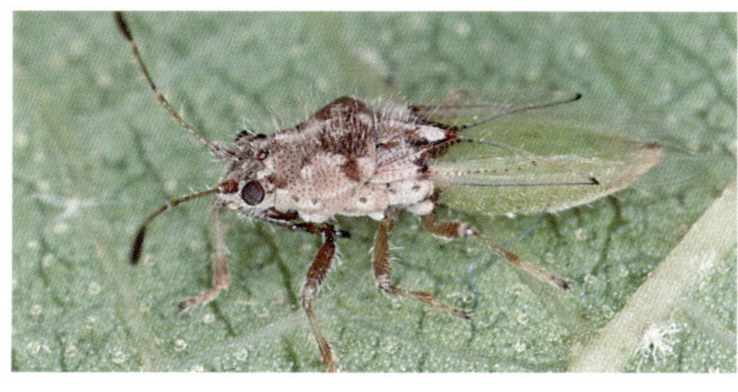

スカシホソメダカナガカメムシ

メダカナガカメムシ科

体　長▶2.5〜6mm
色　彩▶茶褐色や灰褐色が多い
食　性▶植食性
すみか▶植物上
多様性▶日本から2種、世界から約35種

メダカナガカメムシ科の一般体制（写真はメダカナガカメムシ）

腹部第5〜7節が波状となる

腹部側面

メダカナガカメムシによるクズの葉の食痕（円内はメダカナガカメムシ）

オオメダカナガカメムシ

イトカメムシ科

体　長▶2.5〜11mm
色　彩▶緑色系・茶褐色系が多い
食　性▶植食性・捕食性もしくは雑食性
すみか▶植物上
多様性▶日本から6種、世界から約160種

腿節先端部

イトカメムシ科の一般体制（写真はイトカメムシ）

頭部・胸部・腹部基部の側面

イトカメムシ

ヒメイトカメムシ

アカオオイトカメムシ

ヒラタカメムシ科

体　長▶1.4～15mm
色　彩▶ほとんどが茶褐色～黒褐色
食　性▶菌食性
すみか▶倒木の樹皮下、林床の腐植層
多様性▶日本から約55種、世界から2,000種以上

単眼はない

頭部

体は著しく平たい

側面

ヒラタカメムシ科の一般体制（写真はノコギリヒラタカメムシ）

ノコギリヒラタカメムシ

オオヒラタカメムシ

ヒメヒラタカメムシ

マキバサシガメ科

体　長▶3〜10mm
色　彩▶さまざまだが、黄褐色・茶褐色系が多い
食　性▶捕食性
すみか▶植物上、地表
多様性▶日本から25種、世界から約500種

ミナミマキバサシガメ

頭部の基部は狭まらず、複眼間を走る溝がない

頭部

マキバサシガメ科の一般体制（写真はハネナガマキバサシガメ）

ハラビロマキバサシガメ

アシブトマキバサシガメ

ハナカメムシ科

体　長▶1.5〜4mm
色　彩▶地色は褐色〜暗色系が多い
食　性▶捕食性
すみか▶植物上（とりわけ花）、枯葉や朽木だけにすむグループもある
多様性▶日本から45種、世界から600種以上

単眼がある

頭部

ハナカメムシ科の一般体制（写真はキモンクロハナカメムシ）

前翅膜質部

♂成虫の前脛節にはしばしば微小な歯列が並ぶ

ふ節は3節

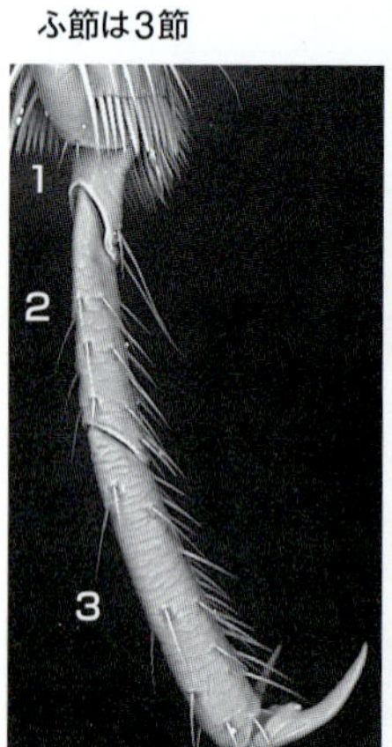

ふ節

コヒメハナカメムシ、アザミウマを捕食

ヒメダルマハナカメムシ

ヤサハナカメムシ*
（*ズイムシハナカメムシ科と扱う見解もある）

ケブカハナカメムシ類**
（**ケブカハナカメムシ科と扱う見解もある）

トコジラミ科

体　長▶3〜6mm
色　彩▶地色は褐色系
食　性▶すべてが吸血性（鳥類・哺乳類）
すみか▶家屋、畜舎、鳥の巣、コウモリのコロニーなど
多様性▶日本から3種、世界から70種以上

人血依存種はトコジラミ（ナンキンムシ）とネッタイトコジラミの2種で、鳥やコウモリに外部寄生する種類のほうがはるかに多い。

吸血したトコジラミ。腹部が風船のように膨らみ、体長が1.5倍以上に伸びる

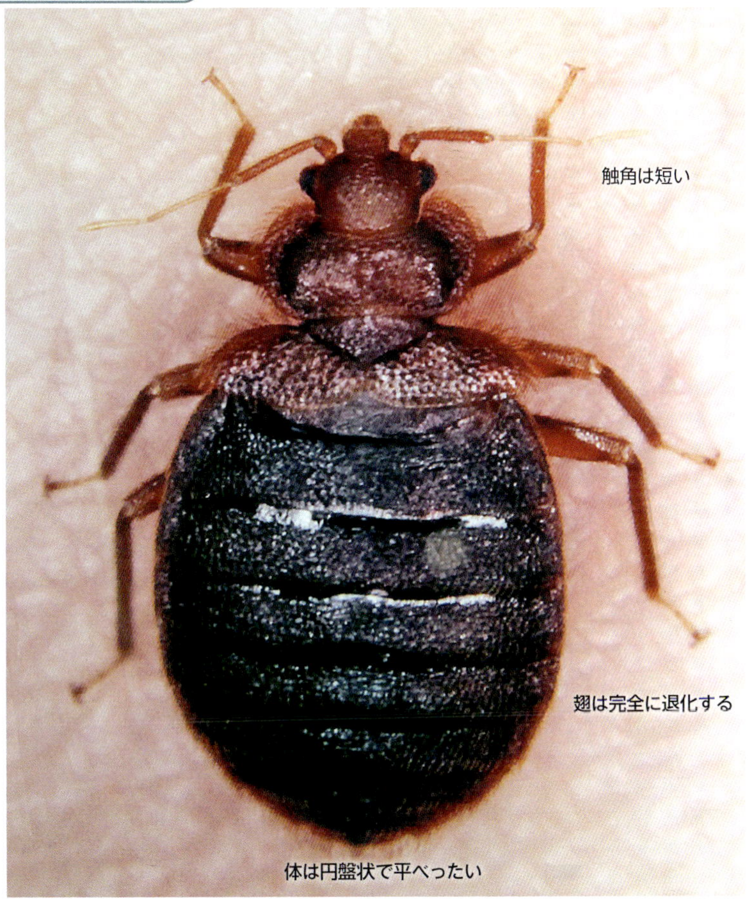

トコジラミ科の一般体制（写真はトコジラミ）

トコジラミは夜行性で、屋内では昼間、畳や家具の隙間などにひそむ

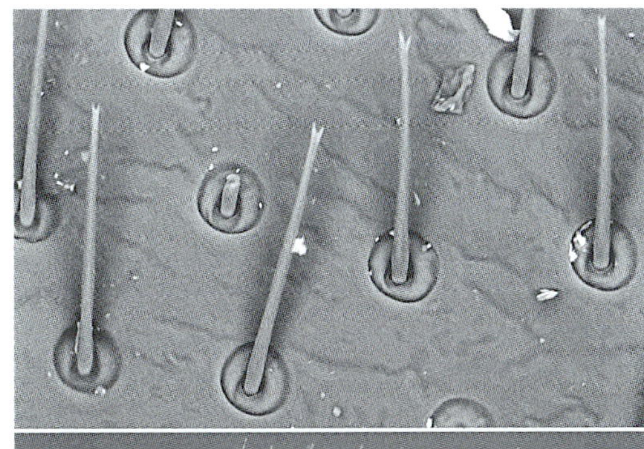

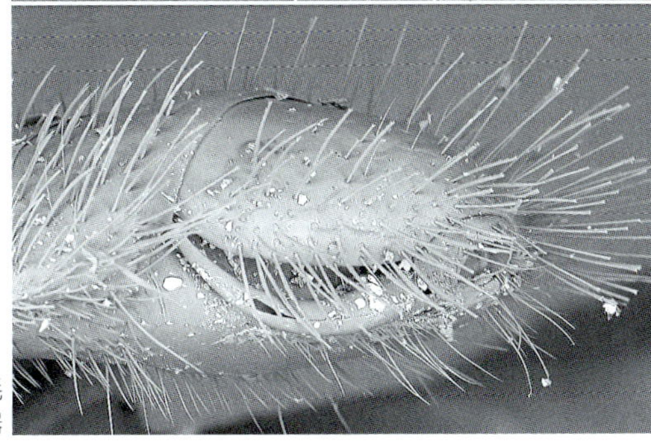

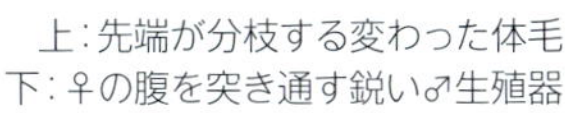

上：先端が分枝する変わった体毛
下：♀の腹を突き通す鋭い♂生殖器

サシガメ科

体　長▶3～40mm
色　彩▶さまざま
食　性▶捕食性、一部が吸血性
すみか▶水中以外のあらゆる場所
多様性▶日本から約100種、世界から約6,800種

頭部の基部は狭まり
複眼間に溝が走る

頭部

サシガメ科の一般体制（写真はシマサシガメ）

口吻は3節で短い

1
2
3

頭部側面

2つの翅室がある

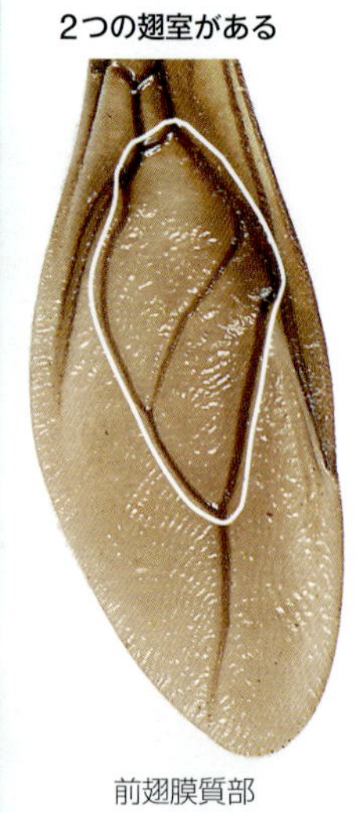

前翅膜質部

シマサシガメ

アカサシガメ

■**モンシロサシガメの仲間**（p.140のシマサシガメからp.142のハネナシサシガメまで）：さまざまな色彩をしている。植物上にいることが多い。

ヨコヅナサシガメ、羽化直後

ヨコヅナサシガメ、幼虫と成虫の集団（右上が成虫）

オオトビサシガメ

ヤニサシガメ。脚に松やにを塗っているため、さわるとベタベタする

キベリヒゲナガサシガメ

トゲサシガメ

アカヘリサシガメ

ハネナシサシガメ（無翅型：有翅型も現われる）

アカシマサシガメ

ビロウドサシガメ。ビロウドサシガメやアカシマサシガメの仲間は赤と黒の色彩が多い。ヤスデ類のみを食べる

キイロサシガメ。キイロサシガメやクロモンサシガメの仲間は気性が荒く、つかまえるとすぐに刺そうとする

クロモンサシガメ

クビアカサシガメ。この仲間には珍しい種が多い

トビイロサシガメ。この仲間はお互いによく似ている

アシナガサシガメ。
体・脚・触角がきわめて長い

カスミカメムシ科

体　長▶1.5〜15mm（4〜6mmが一般的）
色　彩▶きわめて多様。生息場所に調和した色合いが多い
食　性▶基本は植物。捕食者も多く、食菌性のグループもある
すみか▶植物上に多いが、水中以外の大抵のところ
多様性▶日本から460余種、世界からざっと12,000種

頭部
（写真はマダラダルマカメムシ）

側面
（写真はニセカシワトビカスミカメ）

カスミカメムシ科の一般体制
（写真はネッタイヒイロカスミカメ）

腹面
（写真はウスモンミドリカスミカメ♀）

カスミカメムシ科はカメムシ類で最大の科。色彩・形態は多様性に富み、食性・生息場所も実にさまざまで、いわば陸生カメムシの縮図ともいえるグループ。種の同定が難しく、かつてカオスのグループとも呼ばれていた。重要な農業害虫が含まれるいっぽうで、農業害虫の有効天敵として利用される捕食者も少なくない。

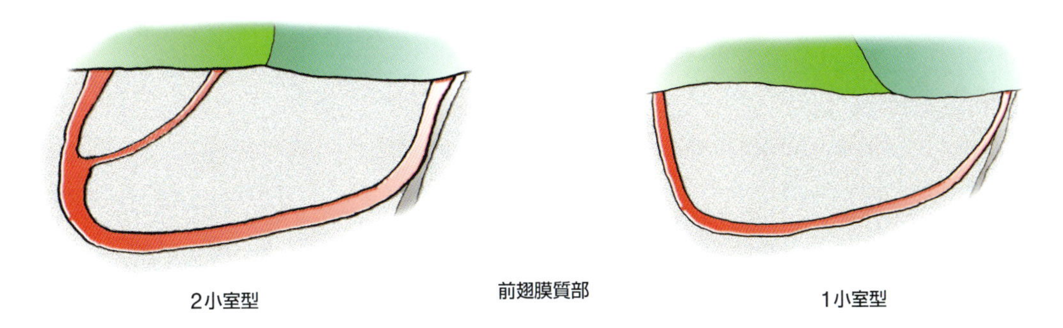
カスミカメムシ科は種の同定こそ難しいものの、カスミカメムシ科であることは、
膜質部の翅脈をみれば一目瞭然にわかる。
2小室型
前翅膜質部
1小室型

【互いに酷似する種が多い】

このページにあげた4種は色彩（緑色）も大きさ（5〜6mm）もたいへん似通っているが、別種であるばかりでなく、属のレベルですでに異なる。こうした難分類群が多いのも、カオスたるゆえんだ。

コアオカスミカメ（*Apolygus*属）

ウスモンミドリカスミカメ（*Taylorilygus*属）

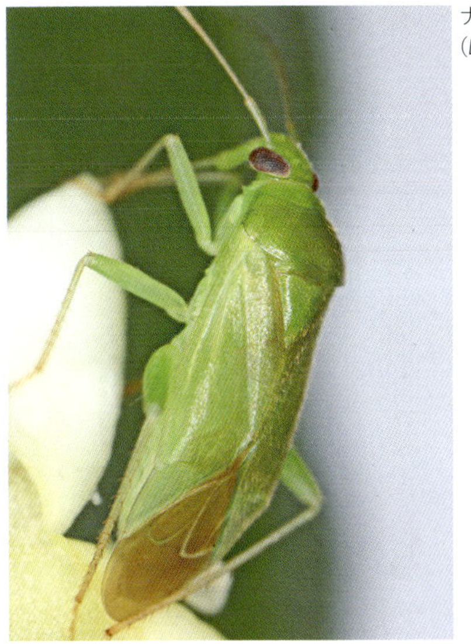

ナガミドリカスミカメ（*Lygocoris*属）

ヘリグロミドリカスミカメ（*Neolygus*属）

【一筋縄ではゆかないカスミカメムシの分類と同定】

西日本では最普通種のひとつ、コミドリチビトビカスミカメとミナミチビトビカスミカメは、雄では腹端の生殖節に小突起があるかどうかを調べることで区別できるが、雌は内部生殖器を解剖して検鏡する(4章 p.188参照)以外、同定できない。

■コミドリチビトビカスミカメ♂

小突起がある

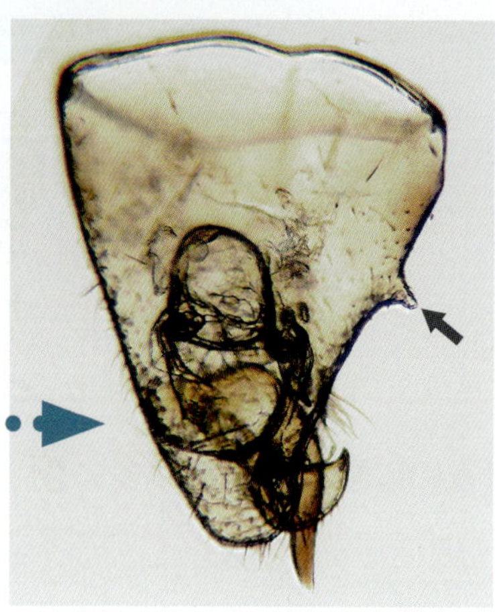

■ミナミチビトビカスミカメ♂

小突起がない

写真はコミドリチビトビカスミカメの集団だが、撮影後の検鏡でミナミチビトビカスミカメが2頭混じっていることがわかった。このように一般的な種であっても同定の難しさに悩まされるのがカスミカメムシだ。かつて沖縄県が分布北限だったミナミチビトビカスミカメが、今世紀になって南方から西日本本土に侵入し、分類同定に混乱を招くようになってきた。

【最近発見されたカスミカメムシたち】

次にあげるカスミカメムシはいずれも人間の居住区周辺から見つかっている（✈は外来種）。外来種と考えられるもの以外は、今世紀になって新種として発表された。侵入種が関西に多いのは、外国との交易がさかんだからだろうか。とまれ、外来種の勢力拡大は在来種にとって計り知れぬ脅威であることは間違いない。

オキナワヒョウタンカスミカメ（3.5mm）、沖縄県のリュウキュウマツに生息

✈ベニチビトビカスミカメ（2mm）、東南アジアで急速に分布を拡大、石垣島の園地でも少数採れた

✈クスベニヒラタカスミカメ（7mm）、大型で目立つ、近畿地方におそらく上海から侵入、クスノキに被害

クロツヤダルマカメムシ（2mm）、先島諸島のシマトネリコの幹にいる

エドクロツヤチビカスミカメ（2.5mm）、東京大学駒場キャンパスから見つかり話題になった

ナガサキホソカスミカメ（3.5mm）、長崎市の里山に植えられたアブラギリから発見

✈タイワンツヤカスミカメ（4.5mm）、台湾原産、関西に最近侵入し、公園や街路樹で発生

アズマカスミカメ（6mm）、関東地方の里山や宅地のアズマネザサに生息、発生が5月に限られる

ニセツヤマルカスミカメ（4.5mm）、南西諸島のネズミモチやシマトネリコなどの花に多い

✈ヘリオオカスミカメ（11mm）、欧州原産の大型種、数年前から近畿地方で定着が確認、園地のハンノキに生息

フタガタカメムシ科

体　長▶1.5〜2.2mm
色　彩▶黒褐色〜赤褐色
食　性▶捕食性と推定される
すみか▶広葉樹林林床の地面、樹の幹、倒木、朽ち木など
多様性▶日本から4種、北半球の温帯以北から約30種

* 注）現在カスミカメムシ上科に分類されているが明らかに誤配置で再検討がまたれる。

■フタガタカメムシ科は雌雄異型

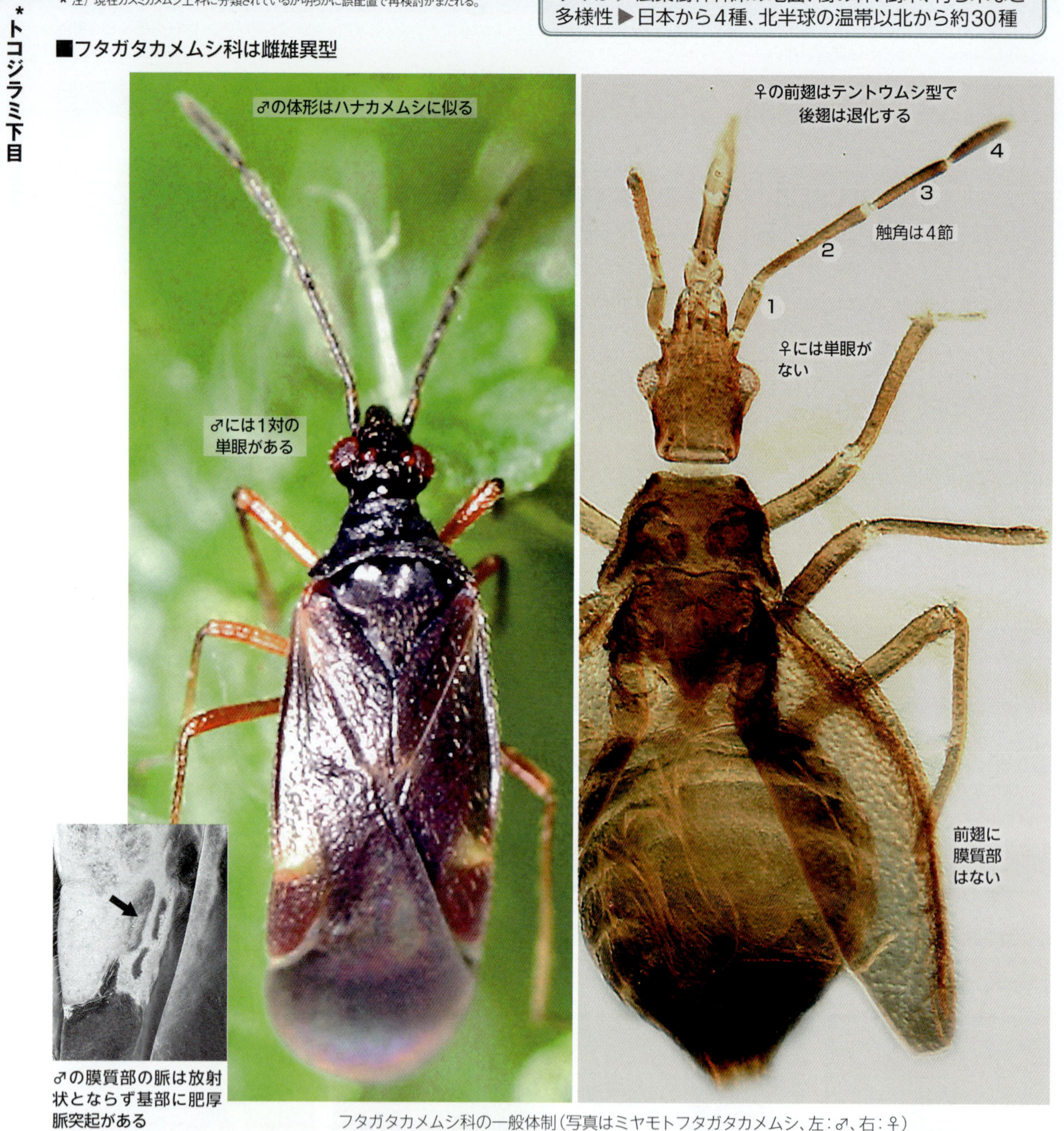

♂の膜質部の脈は放射状とならず基部に肥厚脈突起がある

フタガタカメムシ科の一般体制（写真はミヤモトフタガタカメムシ、左：♂、右：♀）

キタフタガタカメムシ♀

トックリフタガタカメムシ♀

体　長	▶2〜8mm
色　彩	▶黄褐色・茶褐色・灰褐色が多い
食　性	▶植食性
すみか	▶植物上
多様性	▶日本から74種、世界から2,000種以上

グンバイムシ科

グンバイムシ科の一般体制（写真はツツジグンバイ）
グンバイムシには他のカメムシには見られない帽状部・翼状片・後方突起などの特異な形態がある

ナシグンバイ

ツツジグンバイ成虫の集団

マルグンバイ（羽化後間もない個体、時間が経つと体色はもう少し暗くなる）

コアカソグンバイ。翼状片が背板の上に覆いかぶさっている

キクグンバイ

ヒメグンバイ

プラタナスグンバイの越冬集団

アワダチソウグンバイ

ヘクソカズラグンバイ。翼状片と後方突起が半球状に膨らんでいる

マツムラグンバイ

ウチワグンバイ
ここまで紹介したグンバイムシ（グンバイムシ亜科）とは異なる亜科（ウチワグンバイ亜科）に含まれる。頭部は長く、2対の棘をもつ。前胸背は後方に広がらず、前翅は爪状部をもつ

コオイムシ科

体　長▶9～110mm
色　彩▶黄褐色～茶褐色
食　性▶捕食性
すみか▶水中（止水～緩流）、湿地
多様性▶日本から5種、世界から約150種

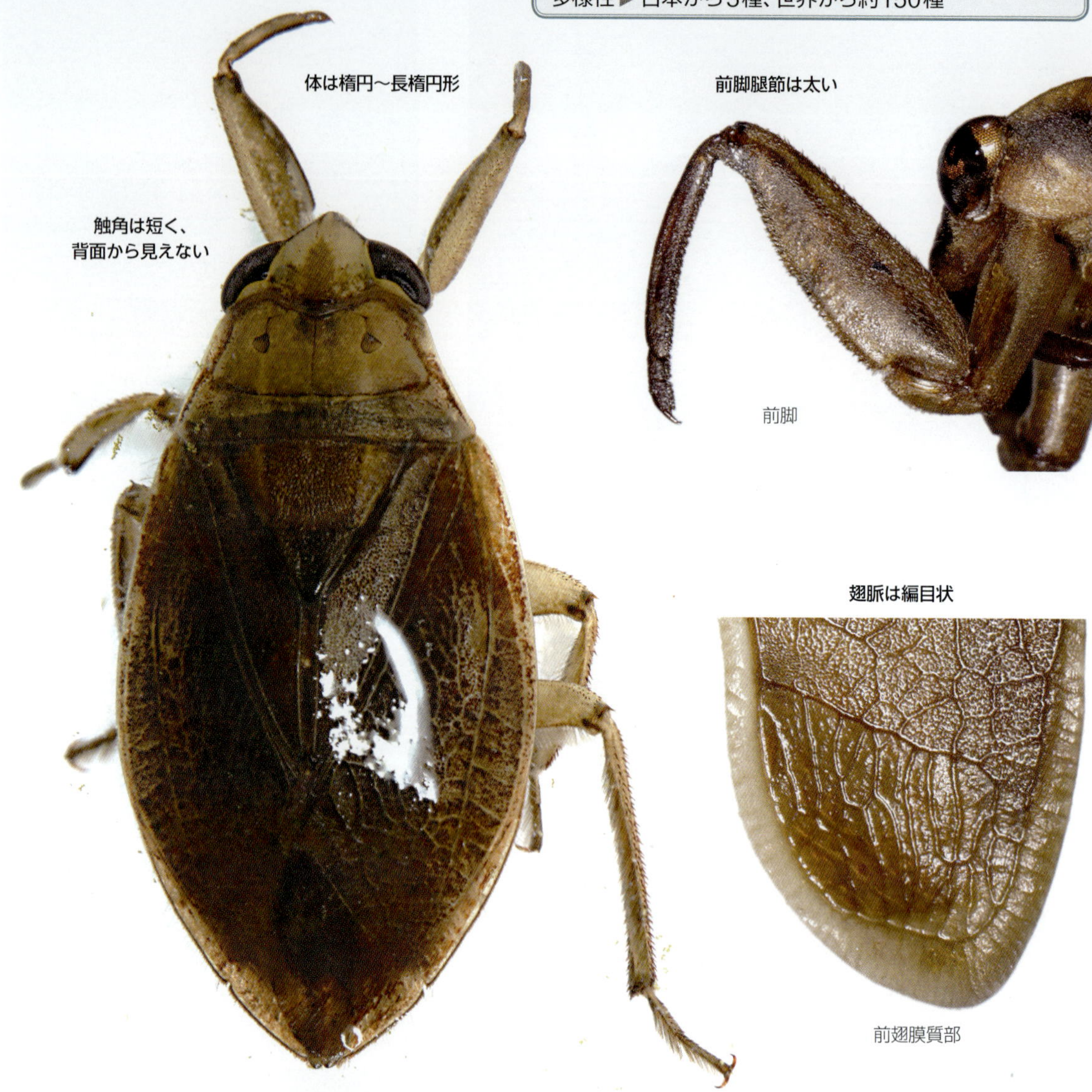

コオイムシ科の一般体制（写真はコオイムシ）

■タガメの仲間は、前脚の爪が1本で、後脚の脛節が平たい

タガメ

タイワンタガメ。タガメより大きい

■コオイムシの仲間は、前脚の爪は2本で、後脚の脛節は円筒形

コオイムシ、捕食中

コオイムシ、卵を背負う

■コオイムシとオオコオイムシの比較

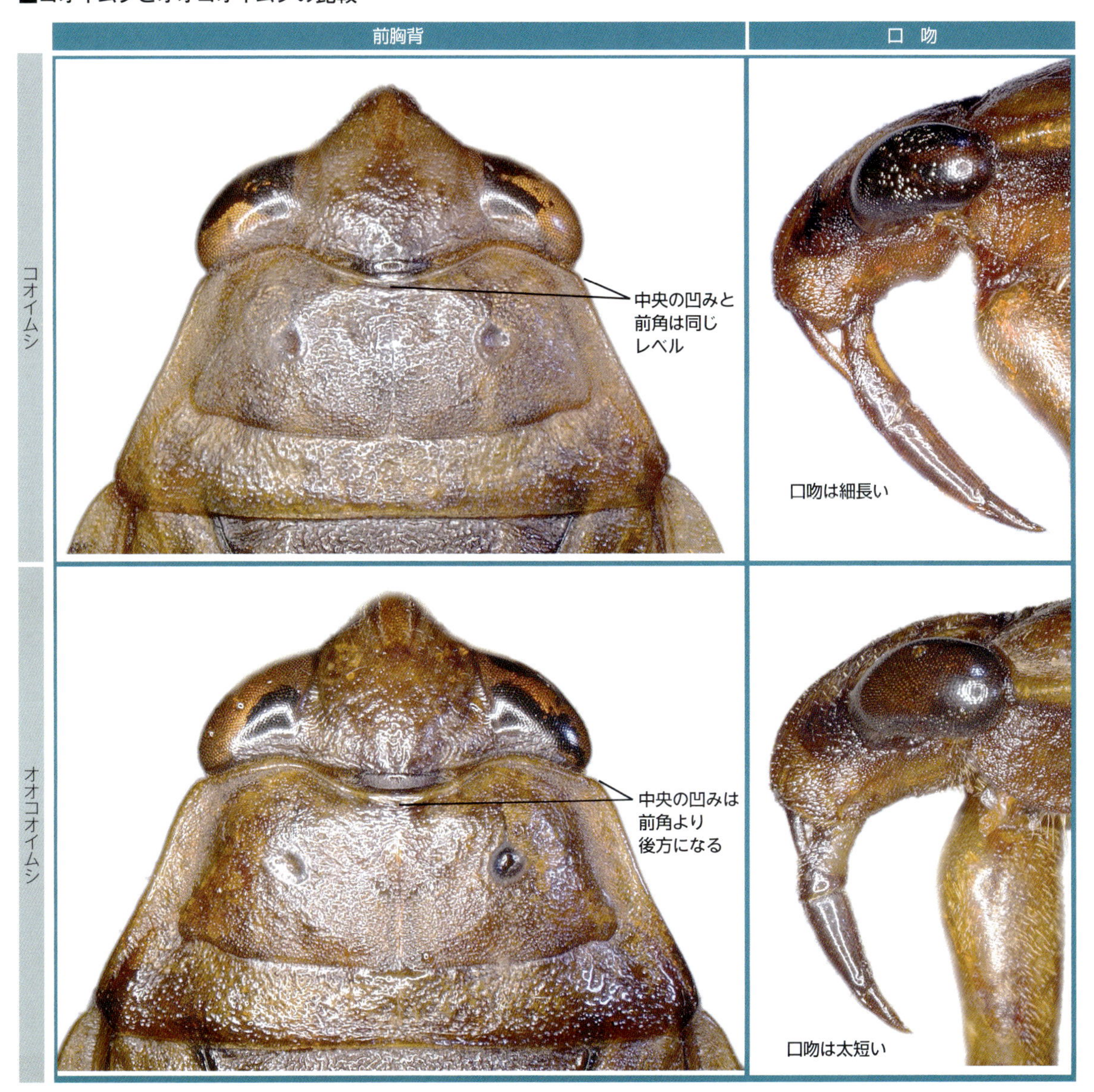

タイコウチ科

体　長▶15～45mm
色　彩▶黄褐色～茶褐色
食　性▶捕食性
すみか▶水中（止水～緩流）
多様性▶日本から7種、世界から約230種

前脚

前翅膜質部

タイコウチ科の一般体制（写真はミズカマキリ）

■ミズカマキリの仲間は、体は棒状～円筒状で、頭部は前胸背の前縁より広い

ミズカマキリ

捕食中のミズカマキリ

ヒメミズカマキリ

■タイコウチの仲間は、体は長円形で多少とも平たく、頭部は前胸背の前縁より狭い

タイコウチ

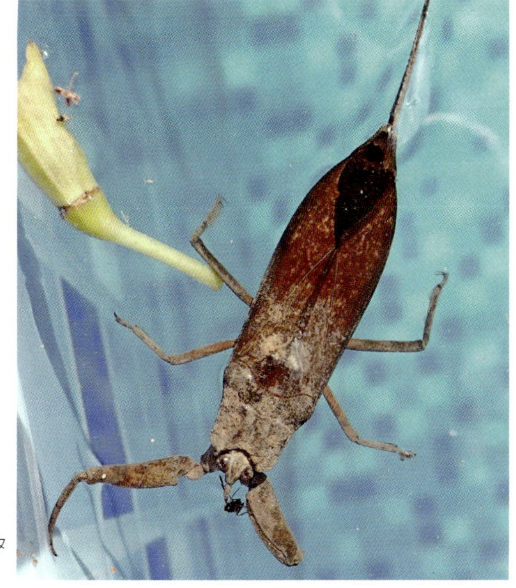

タイワンタイコウチ

マツモムシ科

体　長▶5～15mm
色　彩▶さまざまだが、黄褐色が多い
食　性▶捕食性
すみか▶水中（止水～緩流）
多様性▶日本から11種、世界から約350種

頭部と前胸の側面

マツモムシ科の一般体制（写真はマツモムシ）

後脚

腹部腹面

マツモムシ

コマツモムシ

ミズムシ科

体　長▶1.2〜15mm
色　彩▶黄褐色〜灰褐色
食　性▶植食性（水中のプランクトンや藻類）、一部が捕食性
すみか▶水中（止水〜緩流）
多様性▶日本から29種、世界から約550種

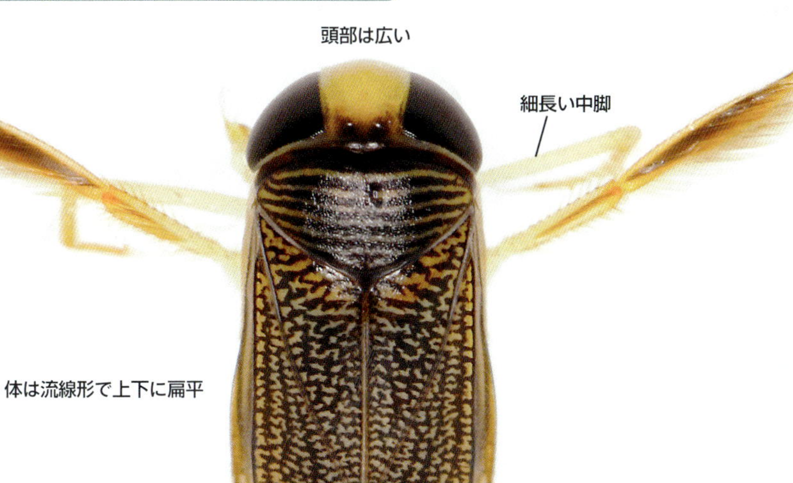

ミズムシ科の一般体制
（写真はエサキコミズムシ）

前脚

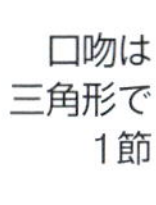

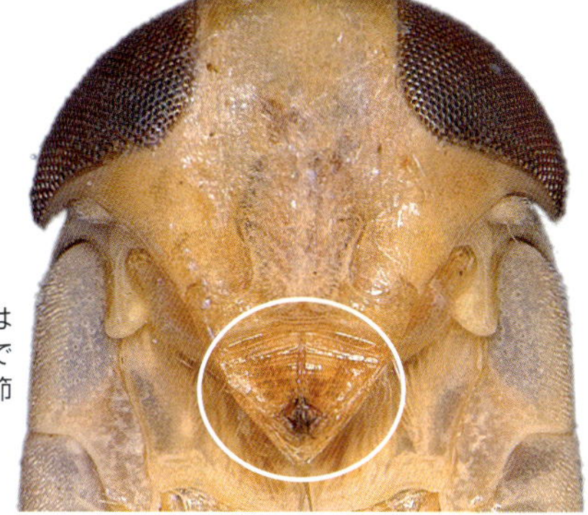

頭部

エサキコミズムシ

ハイイロチビミズムシ

マルミズムシ科

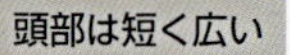

体　長▶1.5〜3mm
色　彩▶黄褐色〜茶褐色
食　性▶捕食性
すみか▶水中（止水、まれに流水）
多様性▶日本から3種、世界から約40種

腹面

側面

マルミズムシ科の一般体制（写真はヒメマルミズムシ）

タマミズムシ科

体　長▶1〜4mm
色　彩▶茶褐色〜黒褐色
食　性▶捕食性
すみか▶水中（止水〜流水）
多様性▶日本から1種、世界から約50種

側面

タマミズムシ科の一般体制（写真はエグリタマミズムシ）

コバンムシ科

体 長▶5～20mm
色 彩▶黄褐色～茶褐色、ときに緑色を帯びる
食 性▶捕食性
すみか▶水中(止水)
多様性▶日本から1種、世界から約330種

頭部側面

前脚

コバンムシ科の一般体制
(写真はコバンムシ)

コバンムシ。標本にすると緑色の部分は茶色っぽくなってしまう

前翅膜質部

ナベブタムシ科

体　長▶3.5〜12mm
色　彩▶黄褐色〜黒褐色
食　性▶捕食性
すみか▶水中(流水、ときに止水)
多様性▶日本から3種、世界から約60種

頭部・胸部側面

ナベブタムシ科の一般体制
(写真はナベブタムシ)

トゲナベブタムシ

ナベブタムシ、左:短翅型、右:長翅型

メミズムシ科

体　長▶2.5〜15mm
色　彩▶黒褐色に、淡色斑紋をもつ
食　性▶捕食性
すみか▶泥質〜砂質の岸辺
多様性▶日本から1種、世界から約40種

メミズムシ科の一般体制
（写真はメミズムシ）

斜め下側面から見た頭部·胸部

アシブトメミズムシ科

体　長▶7〜15mm
色　彩▶黄褐色〜黒褐色
食　性▶捕食性
すみか▶砂浜、林床の腐植層、石の下
多様性▶日本から1種、世界から約100種

アシブトメミズムシ科の一般体制
（写真はアシブトメミズムシ）

前脚

アメンボ科

体　長▶1.5〜37mm
色　彩▶茶褐色〜黒褐色
食　性▶捕食性
すみか▶水面（止水〜流水、汽水や海水面も）
多様性▶日本から27種、世界から約530種

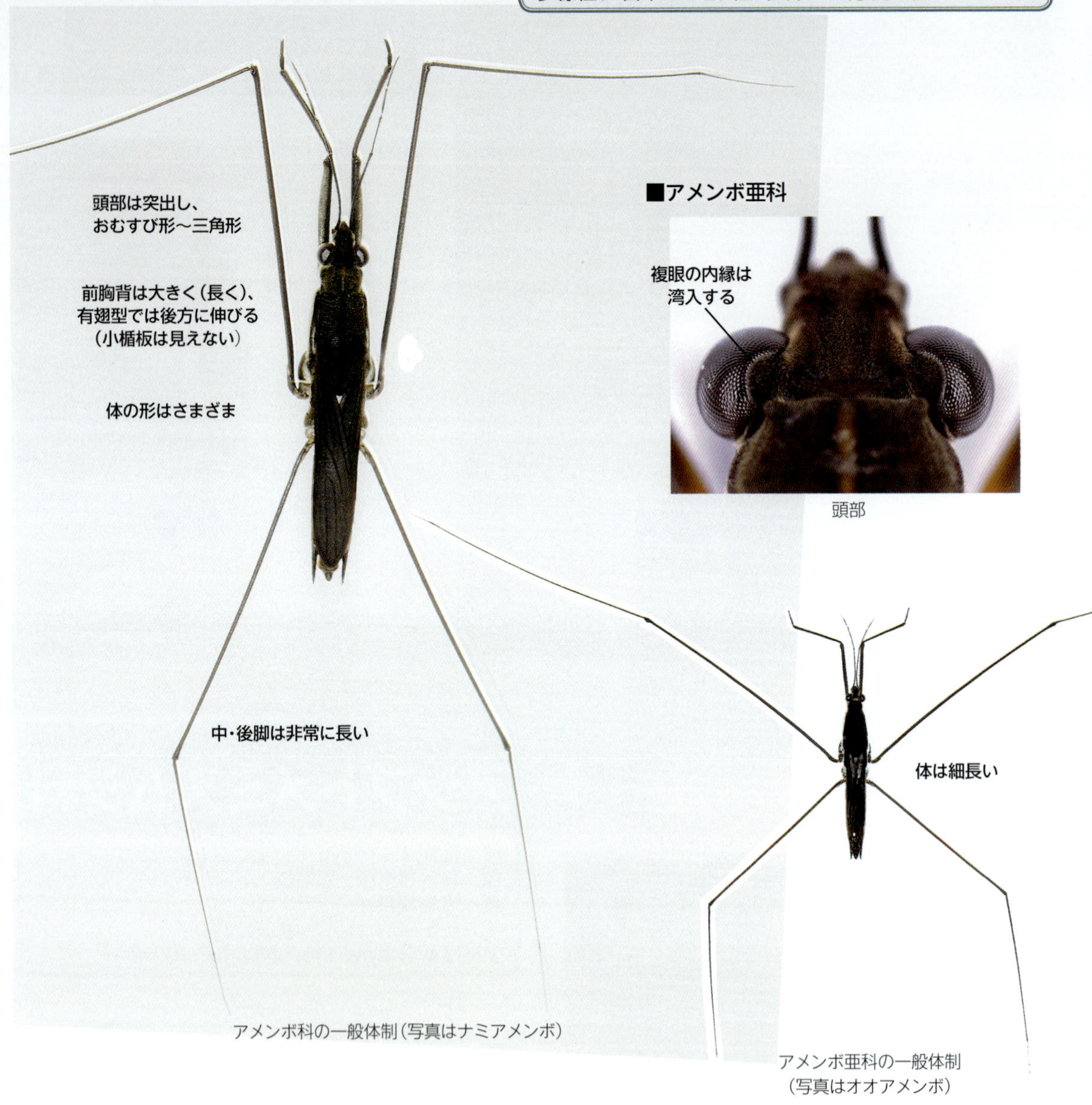

頭部

アメンボ科の一般体制（写真はナミアメンボ）

アメンボ亜科の一般体制
（写真はオオアメンボ）

■ウミアメンボ亜科

複眼は湾入しない

体は短い紡錘形

ウミアメンボ亜科の一般体制（写真はシマアメンボ）

■トガリアメンボ亜科

トガリアメンボ亜科の一般体制（写真はトガリアメンボ）

■アメンボ亜科の各種は、サイズ、触角や脚の節長、前胸背の色や紋、腹部の形状などによって見わけられる

ナガサキアメンボ
（短翅型♂ホロタイプ標本）

ナガサキアメンボ
（短翅型♀）

アマミアメンボ
（長翅型♀）

ヒメアメンボ

ツヤセスジアメンボ

ナミアメンボ（短翅型）

コセアカアメンボ

■ウミアメンボ亜科は、黄と黒の縞模様で渓流(陸水)にいるシマアメンボ類と、一様に灰色から黒っぽい体色をした海にいるウミアメンボ類に分けられる

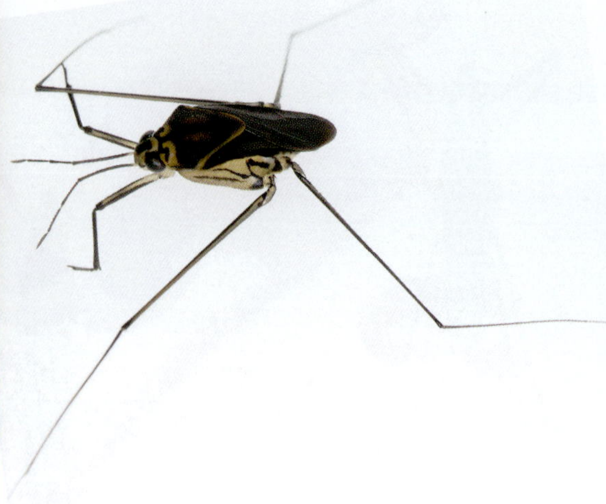

シマアメンボ。上:無翅型、右:長翅型

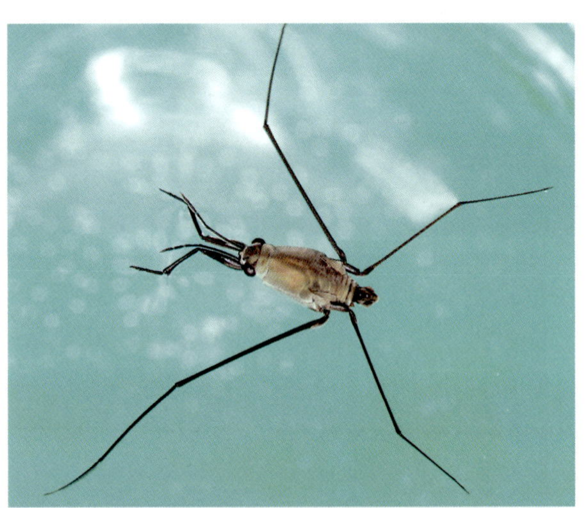

シロウミアメンボ。絶滅が危惧される沿岸海域の環境指標種

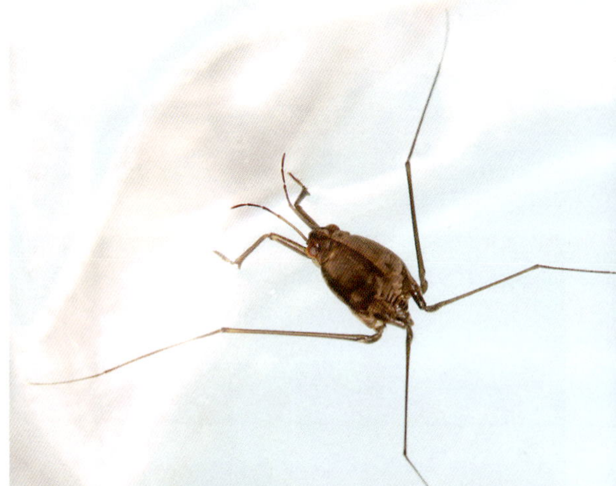

シオアメンボ。絶滅が危惧される内湾の環境指標種

■中脚の毛が顕著な遠洋性ウミアメンボ類

コガタウミアメンボ。右は♂

■トガリアメンボ亜科は腹部の形が特徴的。

トガリアメンボ。アメンボ亜科の種の幼虫と混生していると見つけにくい

サンゴアメンボ科

体　長▶2.5～4mm
色　彩▶灰褐色～黒褐色
食　性▶捕食性
すみか▶海岸
多様性▶日本から1種、世界から約10種

サンゴアメンボ

サンゴアメンボ科の一般体制
（写真はサンゴアメンボ）

♂の前脚

♀の前脚

カタビロアメンボ科

体　長▶1～10mm
色　彩▶茶褐色～黒褐色、ときに赤や黄色
食　性▶捕食性
すみか▶水面（止水～流水、海水面も）
多様性▶日本から19種、世界から約630種

カタビロアメンボ科の一般体制
（写真はケシカタビロアメンボ）

マダラケシカタビロアメンボ

ケシウミアメンボ

イトアメンボ科

体　長▶2.5〜22mm
色　彩▶茶褐色〜黒褐色
食　性▶捕食性
すみか▶水際、湿った地表、水面
多様性▶日本から5種、世界から約110種

頭部は長く、
複眼は中央付近
にある
体は極端に細長い

イトアメンボ科の一般体制（写真はヒメイトアメンボ）

オキナワイトアメンボ

ヒメイトアメンボ

ケシミズカメムシ科

体　長▶1.3～3.7mm
色　彩▶多くが黒褐色
食　性▶捕食性
すみか▶水際、湿った地表、水面
多様性▶日本から4種、世界から約150種

触角は短め
体は黒っぽく、ビロード状
横長の小楯板と三角形の後胸背が見える

ケシミズカメムシ科の一般体制（写真はケシミズカメムシ）

ケシミズカメムシ

ミズカメムシ科

体　長▶1.2～4.2mm
色　彩▶黄褐色～茶褐色、ときに緑色系
食　性▶捕食性、腐食性
すみか▶水際、湿った地表、水面
多様性▶日本から6種、世界から約40種

触角は長い
体はやや細い

ミズカメムシ科の一般体制（写真はミズカメムシ）

有翅型では小楯板が見える

ミズカメムシ有翅型

ミズギワカメムシ科

体　長▶2.3〜7.4mm
色　彩▶茶褐色〜黒褐色
食　性▶捕食性
すみか▶岸辺、湿った地表
多様性▶日本から24種、世界から約270種

複眼は大きい
体は暗色で、淡色の
斑紋をもつものが多い

ミズギワカメムシ科の一般体制（写真はミズギワカメムシ）

口吻は長い

頭部・胸部側面

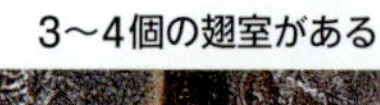
3〜4個の翅室がある

前翅膜質部

ミズギワカメムシ属の一種

ミズギワカメムシ

サンゴカメムシ科

体　長▶1.1〜1.6mm
色　彩▶黒褐色
食　性▶捕食性
すみか▶岩礁
多様性▶日本から1種、世界から4種

巨大な複眼
体は卵形
前翅は全体的に革質

サンゴカメムシ科の一般体制
（写真はサンゴカメムシ）

サンゴカメムシ

アシナガミギワカメムシ科

体　長▶1.8〜7mm
色　彩▶黄褐色〜灰褐色
食　性▶捕食性
すみか▶水際の岩や転石の陰
多様性▶日本から1種、世界から約40種

口吻は短い

斜め下側面から
見た頭部・前胸

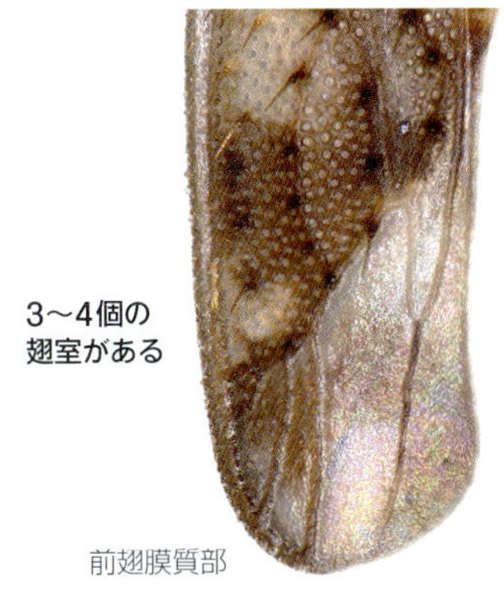
3〜4個の
翅室がある

前翅膜質部

背面は点刻
され、棘をもつ
ものも多い

アシナガミギワカメムシ科の一般体制
（右の*Valleriola*属のように、背面に棘のないものもある）

側面（写真はアシナガミギワカメムシの一種、タイ・カンボジア国境産）

クビナガカメムシ科

体　長▶2〜15mm
色　彩▶黄褐色〜黒褐色、ときに赤色系
食　性▶捕食性
すみか▶腐植層、落葉層、地中
多様性▶日本から3種、世界から約400種

クロクビナガカメムシ

前胸背は3つに
分かれる

前胸背

腔節先端部とふ節は独特な形

前脚の先端部

前翅は全体的
に膜質

クビナガカメムシ科の一般体制（写真はヒメクビナガカメムシ）

オオムクゲカメムシ科

体　長▶1.5〜3mm
色　彩▶茶褐色〜黒褐色
食　性▶捕食性
すみか▶湿った林床や倒木の樹皮下
多様性▶日本から2種、世界から約50種

浅い切れ込みがある

オオムクゲカメムシ科の一般体制（写真はオオムクゲカメムシの未知種）

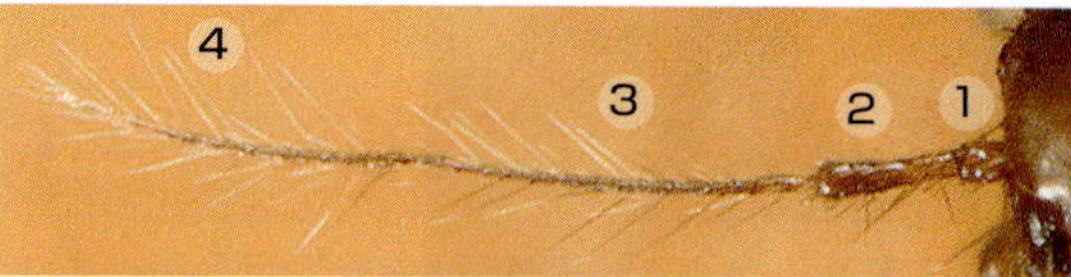
4
3
2
1

1節と2節は太短く、3節と4節は細く毛をもつ

触角

オオムクゲカメムシ類

ムクゲカメムシ科

体　長▶1～3mm
色　彩▶茶褐色～黒褐色
食　性▶捕食性
すみか▶河原や岸辺
多様性▶日本から1種、世界から30種以上

カワラムクゲカメムシ

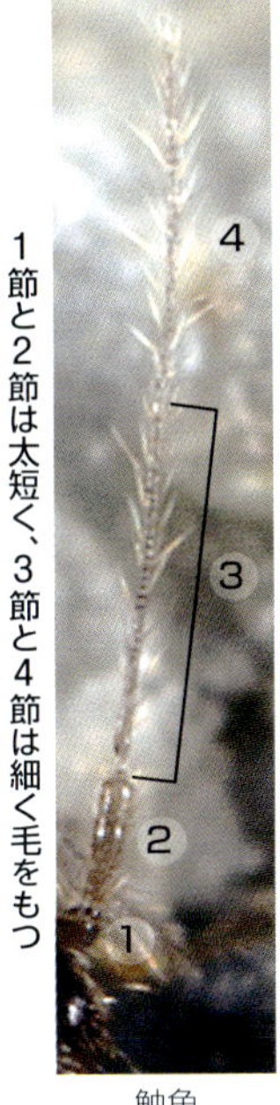
1節と2節は太短く、3節と4節は細く毛をもつ
4
3
2
1
触角

前翅は全体的に
膜質
深い切れ込み
がある
ムクゲカメムシ科の一般体制（写真はカワラムクゲカメムシ類の一種）

ノミカメムシ科

体　長▶0.8～2mm
色　彩▶黄褐色～黒褐色
食　性▶捕食性
すみか▶湿った林床・落葉下
多様性▶日本から3種、世界から約120種

オオメノミカメムシ♀

チャイロノミカメムシ♀

触角1節と2節
は太短く、3節
と4節は細く毛
をもつ
頭部は幅広く、
複眼は大きい
前翅は全体的に膜質で、
全体的に革質になる
種もいる
ノミカメムシ科の一般体制（写真はオオメノミカメムシ♂）

日本原色カメムシ図鑑

(第1巻)〜第3巻

全3巻で日本産陸生カメムシ類1,100種を掲載し、カメムシを調べるのに欠かせない図鑑。1993年から2012年にかけて出版され、長年にわたって日本のカメムシ分類をリードしてきた。2018年現在、水生カメムシ類を含んだ第4巻を準備中。発行年は未定。

日本原色カメムシ図鑑 (第1巻)

友国雅章 / 監修
安永智秀・高井幹夫・山下泉・川村満・川澤哲夫 / 著

1993 年発行

※本書の書名には〈第1巻〉は表記されていません。

日本原色カメムシ図鑑 第2巻

安永智秀・高井幹夫・川澤哲夫 / 編
安永智秀・高井幹夫・中谷至伸 / 著

2001 年発行

日本原色カメムシ図鑑 第3巻

石川忠・高井幹夫・安永智秀 / 編
林正美・井村仁平・石川忠・菊原勇作・河野勝行・宮本正一・長島聖大・中谷至伸・庄野美徳・高井幹夫・友国雅章・山田量崇・山本亜生・山下泉・安永智秀 / 著

2012 年発行

日本原色カメムシ図鑑　第1巻〜第3巻の科別掲載種数

科　名	巻別掲載種数		
	第1巻	第2巻	第3巻
クビナガカメムシ科			3
グンバイムシ科	13		74
フタガタカメムシ科		1	
カスミカメムシ科	81**	404	
マキバサシガメ科	10		28
ハナカメムシ科	9	40	
トコジラミ科		2	
サシガメ科	28		110
ヒラタカメムシ科	6		55
クロマダラナガカメムシ科			5
ヒゲナガカメムシ科	2*		7
ヒョウタンナガカメムシ科	28*		86
オオメナガカメムシ科	2*		5
コバネナガカメムシ科	3*		12
マダラナガカメムシ科	13*		27
チビカメムシ科	2		2
ヒメヒラタナガカメムシ科	2*		5
ホソメダカナガカメムシ科	1*		4
メダカナガカメムシ科	1		2
イトカメムシ科	4		6
オオホシカメムシ科	3		4
ホシカメムシ科	6		10
ツノヘリカメムシ科	1		2
ホソヘリカメムシ科	10		11
ヒメヘリカメムシ科	5		10
ヘリカメムシ科	18		28
クヌギカメムシ科	4		5
マルカメムシ科	6		15
ツチカメムシ科	10		23
キンカメムシ科	8		10
ノコギリカメムシ科	1		4
カメムシ科	62		85
ツノカメムシ科	19		27
計	358	447	665

* 第1巻ではナガカメムシ科に含められていた
** 第1巻ではメクラカメムシ科

第4章
カメムシ博士をめざして

カメムシたちのさまざまな生活場所と生態に触れ、首尾よく得たサンプルを標本にこしらえて正しく同定する—この地道な作業の繰り返しこそ、「カメムシ道」の奥義を追求する修行そのものと申せましょう。とはいうものの、簡単に出会うことのできるカメムシはさほど多くはないのも自然の理、あらゆる手法を駆使し、探索・採集する必要に迫られます。標本箱に並んだカメムシを愛でるのがもっぱらという方も、きれいな画像におさめるだけで標本無用という向きにも、ぜひ一読をおすすめしたい本章です。

（安永智秀）

野外での採集と観察法 ■常備すべき七ツ道具

① 捕虫網

基本形：手頃な長さの網ですくう（網の枠は丈夫な材質がよい）

長竿：高所・崖の下にも網が届く

叩き棒併用：伝統的手法、アメリカでは定番のスタイル

② 吸虫管

市販品もあるが、自作も容易。逃亡しないよう口には栓をする。

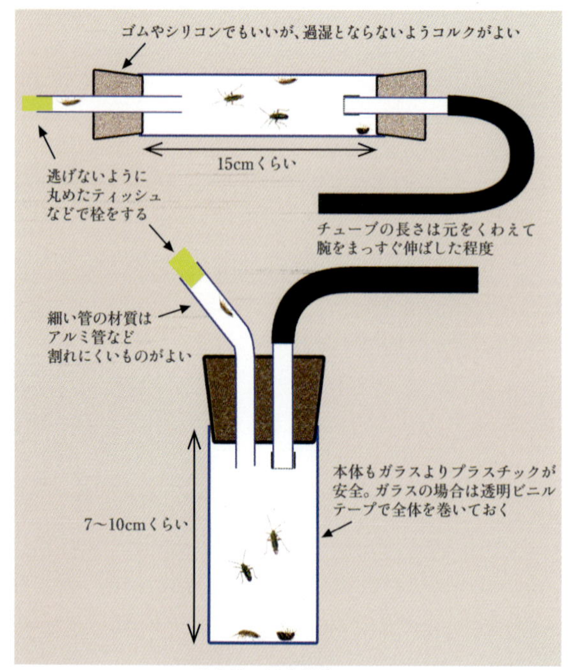
ゴムやシリコンでもいいが、過湿とならないようコルクがよい
15cmくらい
逃げないように
丸めたティッシュ
などで栓をする
チューブの長さは元をくわえて
腕をまっすぐ伸ばした程度
細い管の材質は
アルミ管など
割れにくいものがよい
本体もガラスよりプラスチックが
安全。ガラスの場合は透明ビニル
テープで全体を巻いておく
7〜10cmくらい

吸虫管の基本構造

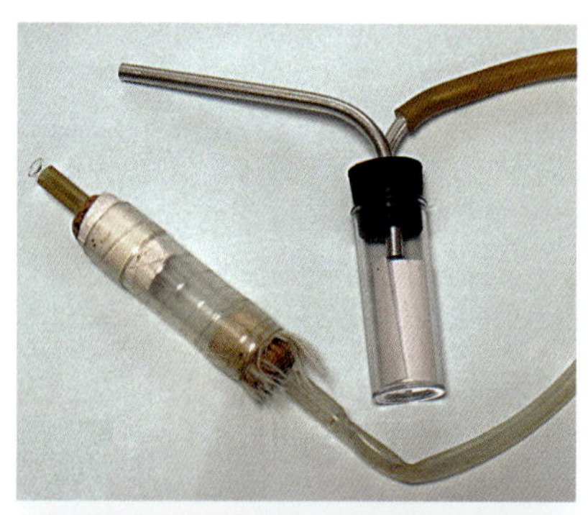

市販の吸虫管
2種

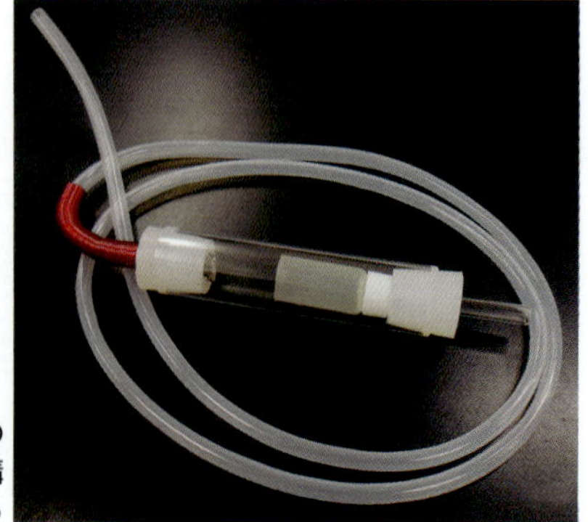

プラスチックの
自作品。二重構
造になっている

③ 殺虫管・毒瓶

密栓できる(なるべく透明な)ガラス瓶、プラスチック管や瓶でOK。薬液は酢酸エチルなどを用いるが、一般には入手しにくいので、市販のスプレー式殺虫剤を適量噴霧したティッシュペーパーを容器に入れて使う方法が簡単で安全(p.182 参照)。
酢酸エチルなどは普通のプラスチックを溶かしてしまうので、要注意。

④ ピンセット

尖鋭な形状が使いやすい。

⑤ ルーペ・虫眼鏡

微小なカメムシを採集する場合、使用頻度が高い。

⑥ カメラと記録ノート（デジタル機器でも可）

マクロ機能のついたコンパクトデジタルカメラは必需品。メモ帳やメモ機能のあるスマホ・携帯電話など、記録できるものを常備する。
いずれも解像度の高い防水性のものが推奨される。

⑦ 生体サンプル収納容器

タッパーやポリ袋などを用意する。幼虫だけしか採れず同定が困難な場合、持ち帰って成虫まで飼育するとよい。高温期には採集後の温度管理に注意し、直射日光を必ず避ける。簡単なクーラーボックスがあると便利。
水生・半水生カメムシを運ぶときは、水が多いと運搬中に死にやすい。濡らしたティッシュを敷いて運ぶのがよい。

※ ほかにあると便利なもの

- **叩き網**（傘などで代用可）**+叩き棒：**捕虫網ではすくいにくい藪や棘の多い植物にいるカメムシの採集に効果を発揮する。

- **アクリル板：**白い厚紙をはさんだファイルや下敷きなどでも代用できる。コケやキノコの探索に重宝する(p.177 サワサワ採集参照)。

- **水網・金魚網：**水生カメムシの採集に使う。雨天時の陸生カメムシ採集にも応用可能。

- **ザル：**落ち葉などをふるう。
- **バット（トレイ）：**落ち葉や水草などから微小種を採集する。
- **ハンマー、ドライバー、ナイフ、鉈**(なた)**など：**朽ち木を割る(p.177 薪割り採集参照)。
- **草刈り鎌：**草を刈って地表性のカメムシを狙う。

野外での採集と観察法 ■環境に応じた最適の採集法を選ぼう

その① まずは見つけ採りから

下にあげた写真は熱帯や亜熱帯では、ごくありふれた郊外の風景にすぎないが、カメムシ愛好家の眼には宝箱のような好採集地に映る。バナナの枯葉、立ち枯れた樹、積まれた草…探ってみたいポイントが集中している。さて、どこからどうやって攻めようか？

一見ありふれた風景、実はカメムシの宝庫

見つけ採り2景。見つけ採り以外では採れないカメムシもあるので、眼力を磨こう

その② ガサガサ採集

草本類の根元はカメムシ類の格好のすみかである。密に茂ったチガヤやススキ、メヒシバ、もしくは湿地の草本類などを、しゃがみ込んで根元までかき分けると、たくさんの昆虫が這い回る光景をしばしば見ることができる。通常の採集ではなかなかお目にかかれないアシナガサシガメやトビイロサシガメといったサシガメ類をはじめ、マキバサシガメ類、ハシリカスミカメ類、ヒョウタンナガカメムシ類、トビイロカメムシ類などを効率よく採集することができる。

本採集法の元祖（「日本原色カメムシ図鑑第3巻」の編・著者）によるガサガサ採集

その③ ゴソゴソ採集

林床で捕虫網や叩き網を地面に拡げ、その上に落ち葉を置いてゴソゴソかきわけるとおもに小型のカメムシが得られる。ザルを使ってさらなる微小種をふるい出すのもよく、これはザラザラ採集もしくは小豆洗いばりのショキショキ採集と呼ぶ？

林床でゴソゴソ採集し、吸虫管でゲット

その④ サワサワ採集

コケやカワラタケ類をさわさわとなでるように探り、小型のカメムシを採集する。アクリル板や厚紙を添えて行うと効率的。当たればたいていが珍品？

左：コケでサワサワ採集、右：カワラタケでサワサワ採集

カメムシの痕跡を見つける

植物を注意深く見て歩くと、痕跡からカメムシの存在に気づくことも多い。葉や茎に無数の斑点が付いて白っぽくなった、あるいは褐変している、新芽が縮れているなどの現象は、カメムシに由来する場合が少なくない（同様の表徴は同翅類やアザミウマでも引き起こされるが、その場合も捕食性のカメムシがよく見つかる）。

セセリチョウのとまっている葉にカメムシ類の吸収痕が…

ヨモギカスミカメ類の発生により縮れあがったたヨモギ

その⑤ 薪割り採集

硬い倒木や朽ち木を鉈（なた）やナイフを使って割る、掘削するといった、どちらかというと力業の採集法。ただ、あまり乱暴にやると肝腎のカメムシを叩きつぶしてしまうので力加減に注意。ある程度割ったら、サワサワ採集に切り替えるとよいだろう。

倒木で薪割り採集

その⑥ 皮はぎ採集

立木や朽ち木の樹皮の下には、けっこうカメムシがひそんでいる。ときに大珍品をめくり当てる期待に満ちている。

↑立木

朽ち木→

その⑦ 草刈り採集など

草を根際から刈り、地表性のカメムシを狙う。その他、河原や海岸の石を起こす、流れついたゴミや海藻をひっくり返すなど、種類によっては変わった採集法で探索しなければならない。

なお、洞窟や海蝕洞、蜂の巣といった特殊環境もカメムシの生息するポイントだが、探索に危険を伴うので割愛する。

◎服装について

●長袖と長ズボン
服装はアウトドアスタイルが基本。長袖・長ズボン着用。ライトトラップの際は黒や赤系統の服装がよい（虫が体にとまりにくい）。

●軍手・革手袋
朽ち木を割ったりはがしたりするときは、ムカデや毒蛇への対策として、革手袋を用いると安全。
沖縄ではハブやサソリが現れることもある。

●帽子
日よけのためにはもちろん、落下物や虫害を防ぐ。応急的に叩き網としても使える。

●長靴・ブーツ
最近、各地でマダニ被害が増加しており、藪や草むらでは着用がすすめられる。マムシの被害も減少。

●その他いろいろ
虫よけスプレー、日焼け止めなど、アウトドア用アイテムや灯火採集時の耳栓。ヤマビルのいる場所では塩を少々持参。ウエストポーチやポケットの多いベスト着用もおすすめ。

●救命胴衣・胴長
水生カメムシを専門に狙う場合、胴長や救命胴衣も必要。

採集時に観察・記録すべき7箇条

①採れた植物や環境
その場で植物名などがわからないときはもれなく画像に撮るか、植物体の一部を持ち帰る（花や果実があると同定しやすい）。
②植物なら採れた部位
（花、果実、種子、枝、幹、根際…）
③余裕（複数個体）があれば、生息密度や行動習性などをさらに観察
④一緒に見られた他の昆虫や生物種と相互関係
⑤時間帯
⑥詳細な位置、標高など
（経緯度データ、海産種では塩分濃度の記録があると完璧）
⑦気象条件（天候や気温、水温）

上記7ポイント以外にも
気づいたことはメモしよう！

熱帯林でのカメムシ採集

熱帯林最大の新種カメムシの宝庫は林冠部にある。とは申せ、そこは地上50mを超える兜率天、網の届くはずもない。資金の潤沢なプロジェクトならタワーや足場もセットできようが、われら貧乏学者は重機を借りるくらいが関の山。苦心惨憺、それでも天空に向け性急に手を伸ばす。熱帯林の伐採とは、誰も知らない未記載種を、人目に触れぬままこの世から抹消する行為にほかならないのだから。

熱帯林の林冠部を狙ったカメムシ採集

野外での採集と観察法 ■ライトトラップ

灯火にも多くのカメムシが集まるので、ライトトラップは有効な採集法である。とくに風が弱く、霧雨や小雨模様の蒸し暑い夜はたくさんの獲物が飛来する。
使用するライトは水銀灯、蛍光灯、ブラックライトなど紫外線を多量に発する光源なので、視力の良い人も裸眼は避け、UVカット用の眼鏡の着用を奨める。

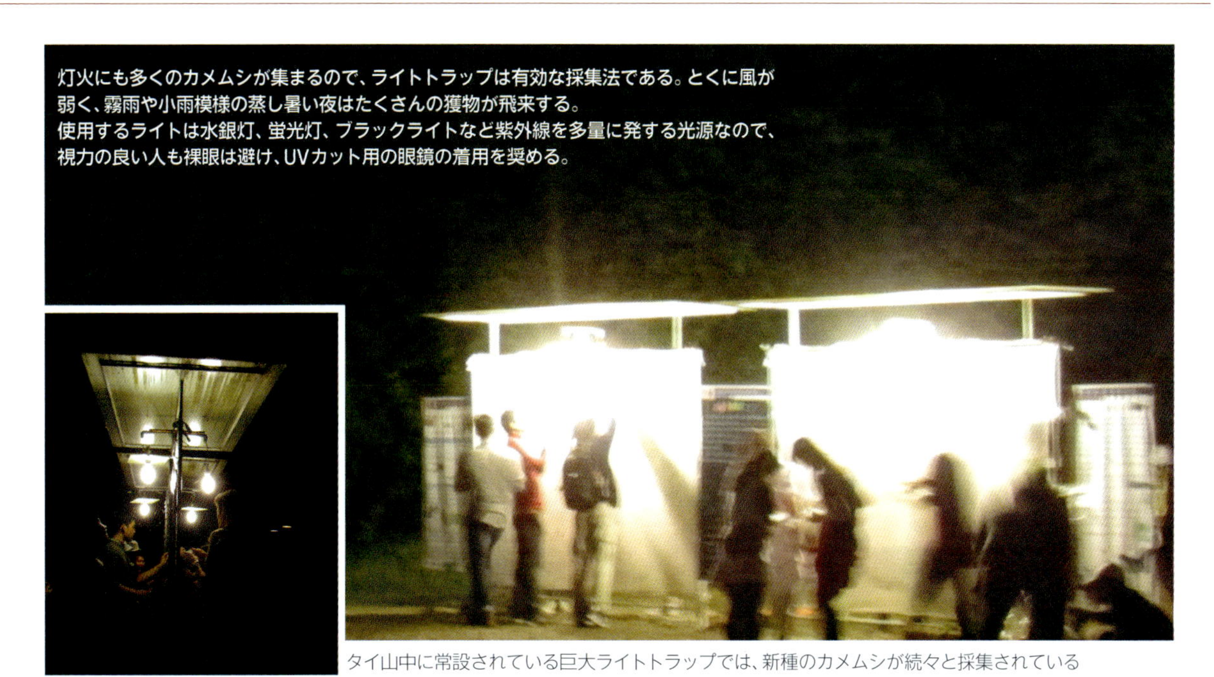

タイ山中に常設されている巨大ライトトラップでは、新種のカメムシが続々と採集されている

懐中電灯は必携、足もとや身辺に危険がないかよく確認して採集を楽しもう。
ドクガやアオバアリガタハネカクシなど、有毒・有害昆虫も飛来するので注意したい。

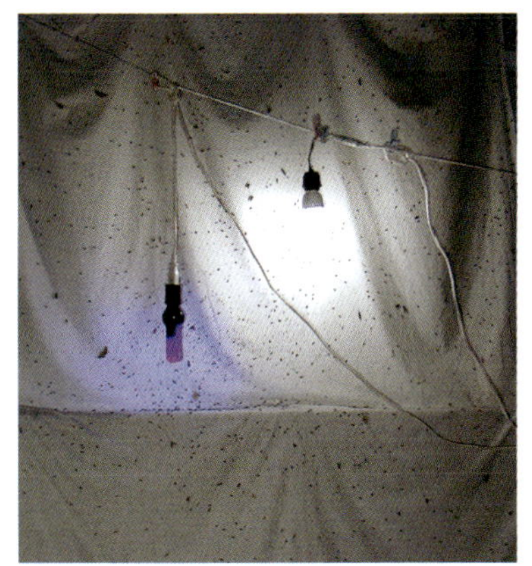

蛍光球とブラックライトを併用

充電式LEDライトを使用

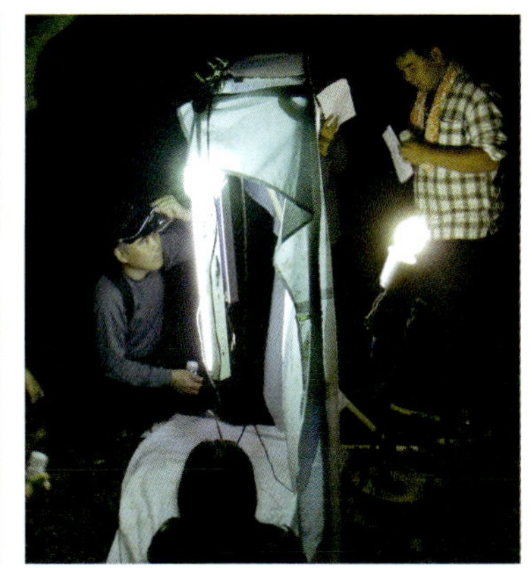

水銀灯とブラックライトを併用

電源がとれないところでは、発電機や充電式の光源が必要となる。
いっぽう、特段のライトトラップセットがなくても、郊外のコンビニエンスストアや外灯、自販機には意外なカメムシが飛来していることがある。高速道路の山沿いのPA、SAも穴場。夜間の人工光めぐりは宝探しさながらに楽しめるが、くれぐれも「不審者」に間違われないよう注意。

＊満月前後の晴天時や羽アリが大量飛来する晩は、経験上獲物が期待薄なので、帰って早く寝たほうがよい。

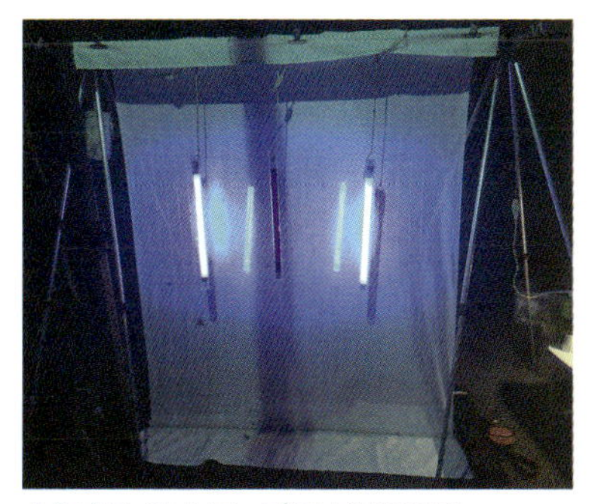

土佐式ライトトラップ（別府隆守氏原図）
軽量で、設置、撤収が簡単。蛍光管、水銀灯、安定器以外は磯釣り用の収納バッグに納まる

郊外で見られる外灯、自販機

野外での採集と観察法 ■さらなるトラップや採集アイテム

■マレーズトラップ

布と網を組み合わせた本体の先端に、採虫容器が付いた構造のトラップ。森林を飛び回る昆虫が黒い網にとまり、上へ上へとのぼっていって、最後に容器に落ち込む原理。カメムシ類は飛翔を遮られるといったん地面に落ちやすいので数は採れないが、ほかの採集方法では得られない珍種が発見されている。図のように最低6端からロープを張って固定するのが定番。

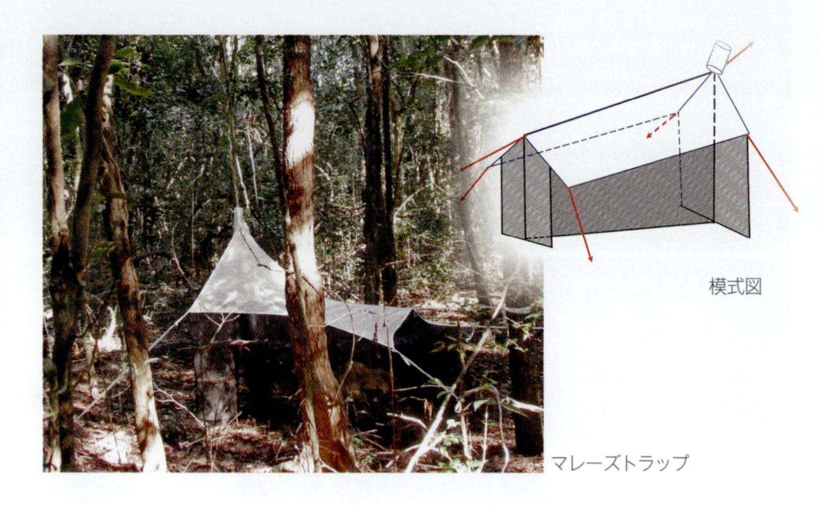

模式図

マレーズトラップ

■ツルグレン（ベルレーゼ）トラップ

土壌中や落ち葉に生息する小型の動物を抽出する仕掛けである。採集地から持ち帰った土を金網が張られた漏斗状の容器に入れ、容器の上から電球を当てると、土の中に潜む土壌動物が電球の光と熱を嫌って下方（暗くて涼しい方）へ移動し、最終的に漏斗の下から落ちてくるという原理。土壌性のツチカメムシ類やナガカメムシ類に有効で、ときにムクゲカメムシ類やテングサシガメ類も得られることがある。いかにしてカメムシが潜んでいそうな落ち葉や土を採取できるかが重要となる。

ツルグレントラップ

■イエローパントラップ（黄色水盤トラップ）

昆虫が黄色に惹かれる習性を利用したトラップ。界面活性剤（中性の台所用洗剤など）を混ぜた水を黄色の皿に注ぎ、その皿を野外に置いておくと、黄色に誘引された昆虫が水に溺れてとらえられる仕組みである。ハチやハエに効果絶大だが、カスミカメムシ類やナガカメムシ類もかかることがある。

イエローパントラップ

■水中ライトトラップ

原理は灯火採集と同じである。光源が内蔵された箱形の捕獲器を池や沼などの水中に沈めて、水生昆虫が捕獲されるのを待つ。昆虫が入り込む捕獲器の入り口は、一度入ったら箱の外に出にくい形状に設計されている。ミズムシ類、マツモムシ類、コオイムシ類、アメンボ類など、夜間に光に誘引される水生カメムシを大量に採集できる。ただ、条件によっては窒息したイモリだらけになってしまうこともあるので、入り口の形状やサイズ、設置位置をターゲットに応じて考慮したい。

水中ライトトラップ

■衝突板トラップ

飛翔中の昆虫が、野外に設置した透明な板に衝突して落ちたところを捕獲するトラップ。衝突板の大きさや材質はさまざまである。衝突板の下には、落ちた昆虫をとらえるために、保存液（台所用洗剤を混ぜた水など）が入ったトレイを置く。樹間につるしたり、地上に置いたりと、設置方法にも応用がきく。写真は地面に置くタイプで、板はポリプロピレン製、大きさはA3用紙程度。

衝突板トラップ

■カーネット

車の屋根に吹き流し型ネットを取り付け、林道などを走って飛翔中の昆虫を採集する方法で、トラックトラップとも呼ばれる。採れる昆虫の種類は季節、時間帯によって変わるが、日没前の高温、多湿、無風条件下が最適。ライトトラップとは異なり、満月の日によく採れる。

カーネット（高橋敬一氏原図）

■倒木・朽ち木トラップ

切った木や枝を直射日光の差さない湿った林床などに積んでおくと、やがて菌類がはびこって朽ち、食菌性のカメムシが集まってくる。1か月以上要する気の長い採集法だが、自然度の保たれた森林ではめずらしい種が期待できる。貯木場などで探させてもらうのも一手。

■エンジンブロア（動力吸引法）

市販のエンジン式吸引器（落ち葉用）の吸引口にネットを取り付け、草本類がはびこってネットや叩き網が不可能な場所で利用すると、根際にひそむ珍しいナガカメムシ類やハシリカスミカメ類が採集できる。ガソリンエンジン式と充電式が市販されているが、軽くて長時間稼働できるタイプを選びたい。

固定・一時保存・運搬

サンプル（採集したカメムシ）はていねいに
取り扱い、きれいな標本の作成を心がけよう。

採れたアメンボ類

■採集個体の固定

標本にするカメムシは何らかの殺虫剤を用いて固定する（死んだ状態にする）必要がある。薬液として酢酸エチルやクロロホルムがよく使われるが、毒性が強いので市販の噴霧式殺虫剤が安全だ。いずれの場合でも、量は最低限にし、殺虫管の中が過湿状態にならないようにする。薬液にまみれてしまうと退色を助長し、きれいな標本にならない。
生かして持ち帰った個体は、フリーザーに一晩置くのも策だが、寒冷地由来の種や、越冬ステージのものは復活してしまうので、別の方法をとるのが無難。

■サンプルの一時保存と運搬

サンプルはある程度ソーティング（小分け）してから以下にあげるような方法で保存し、持ち帰ることになる。
最低限、壊れやすい小型で軟弱なものと、大型のものを別々に分けるのが鉄則。たとえば、カスミカメ類とキンカメムシ類を同梱すると、前者は触角や脚がバラバラになったうえ、後者から滲出した油脂成分でベトベトになって研究材料としての意義を失う。大型のものでも、触角やふ節はとくに破損しやすい。

大漁になるほどしんどさも増すソーティング。採れたサンプルをグループごとに小分けする

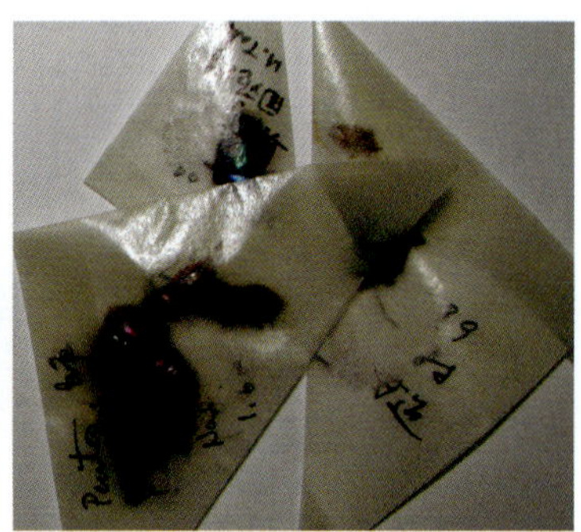
キンカメムシの油脂は三角紙に油性ペンで書いたデータも消してしまった

採集サンプルの運搬

遠方あるいは国外に採集に出かける場合、たいてい航空機利用となるだろう。採集サンプルの運搬に際しては、ハンドキャリーとするのが最も安全だが、近頃はテロ対策でチェックが厳しくなっている情勢もあり、預け荷物（チェックイン・ラゲージ）に入れた方が面倒は少ない（とある国外の空港で検査官からサンプルをいじり回され、壊されてしまった不運な人もいる）。
トランクやバッグの中で破損しないよう、採集品を入れたケースは、緩衝材でくるんだり、衣類の間に収めるとよい。ケースはしっかりしたタッパーや頑丈なボール箱などを利用。ケースの中も、採集品（三角紙やたとう）の隙間をティッシュペーパーなどで補完し、移動中に採集品が動かないようにしておくことも肝要。軟弱な種類と大型で頑丈なものは、別々に包んでおくのはもちろんだが、できればケース自体を分けておくと万全だ。
ほかの交通手段やマイカーを利用する場合でも、上記に準じた取り扱いをしておけば、不慮の破損を防ぐことができる。徒歩旅行であっても、それなりの用心は必要になる。かつて、ヒマラヤをトレッキングしながら採集調査した際、触角や脚のとれたサンプルが意外に多かった。もっとも、8日間で120kmを二本の足だけを頼りに移動した結構ハードな旅だったが、徒歩による振動も油断ならないと臍を噛んだ憶えがある。

タッパーの空間をティッシュペーパーで内容物が動かない程度に「ふわりと」埋める。緩衝と吸湿も兼ねる

●乾燥標本

①三角紙に包む。三角紙はパラフィン紙（薬包紙）を折ってつくる。四角形に折ってもよい。
アメンボなど脚や触角の極端に長いものは、包む際コンパクトに整形しておくと後の標本作成が楽。

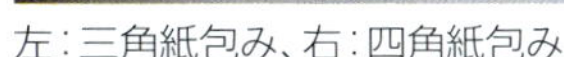

左：三角紙包み、右：四角紙包み

②折りたたんだティッシュペーパーに並べ、たとう（畳紙・たとうがみとも呼ばれる和紙）で包む。下に脱脂綿を敷くのは、繊維が絡まって触角や脚が折れやすくなるためカメムシではあまり奨められない。

③小型のタッパーやプラスチック容器にティッシュペーパーを敷いて並べる。

上：たとう包み。これを好む人も少なくないが、けっこう手間はかかる、右：チャック付き袋にたとうを入れる。高湿の時期にはかびやすいので注意

乾燥状態での一時保存法について紹介したが、いずれも採集データをもれなく記録し、しっかりした箱（木製かボール紙製）に保管する。後日、密閉できるタッパーなどに移し、防虫剤を入れておくと、長期保存可能。採集直後からタッパーに保管する場合、腐敗やカビを防ぐため、シリカゲルなどの吸湿剤を同梱するのがよい。

一時保存のボール紙箱。採集旅行では、日を追うごとに箱が満たされてゆく。箱はアリなどが来ないところに保管しよう

●液浸標本

①エチルアルコール（70〜80%：市販の消毒用がおおむねそのまま使える濃度）を満たした小型の管瓶に保存する。とくに表皮の柔らかい幼虫は乾燥すると変形しやすいので、必要に応じて液浸標本にする。解剖を前提とする場合、微小なハナカメムシ類などにもおすすめの方法。あとで展足標本にしたいときにも硬くならず、便利である。ただ、あまり長く放っておくと退色する。運搬時に割れたり漏れたりしないよう注意。

②分子(DNA)解析に供する標本は95%以上の高濃度エチルアルコールに保存するが、脱水されてしまうので、乾燥するともろくなって壊れやすい。

●生かしたまま持ち帰る

しばらく飼育を試みるときは、適当な容器に入れて持ち帰る（高温多湿、直射日光は厳禁）。ただ、遠方から持ち込んだ種を庭や近所に放すような行為は慎まれたい。
標本にすると変色しやすいキンカメムシ類も、可哀想だが餌を与えずに「飢え死に」させると、変色の原因となる体内の油脂が減少し、きれいな色彩が残りやすくなる（宮本正一博士秘伝？の裏ワザ）。

＊海外から植物を害する生きたカメムシを含む昆虫や微生物など（検疫有害動植物）を日本に持ち込むことは植物防疫法により禁止されている。持ち込みを予定している生きたカメムシ（昆虫や微生物）が植物防疫法の輸入規制の対象となるか、事前に最寄りの植物防疫所に問い合わせよう。

標本の作製 ■愉しくも果てしない標本づくり

■標本作製にあたって準備するもの

① 先尖ピンセット

② 昆虫針

展足用にはマチ針を用意する。

③ 平均台

ラベルやサンプルの高さを揃えるのに便利。工作好きの人ならたやすく自作できる。

④ ラベル

白いケント紙を小さく切って使用。パソコンでも手書きでも作れるが、客観的に理解できるデータが示されていることが大切で、手書きの場合は極細のペンで第三者が読みとれるように記す。小型の種ではラベルのサイズが標本箱に収まる量を制限するし、ラベルが標本を保護する役割もあるので、極端に大きかったり小さかったりするのはよくない。

⑤ 接着剤

水溶性の木工用ボンドで十分。ことさらに強力な接着剤を使う必要はない。水溶性であると、後々解剖などではがさなければならなくなったとき、簡単に作業が行えるからだ。

⑥ 標本箱

防湿·防虫のため隙間がなく、密閉保存できることが不可欠。大きめのタッパーとポリフォーム板で安価に自作が可能。

⑦ 発泡スチロール板やポリフォーム、コルク板

⑧ 実体顕微鏡·拡大鏡

標本箱。ガラス蓋式、印ろう式に大別され、見て愉しむ派には前者、頻繁に出し入れし検鏡したい派には後者がおすすめ

タッパーとポリフォーム板で自作した標本箱

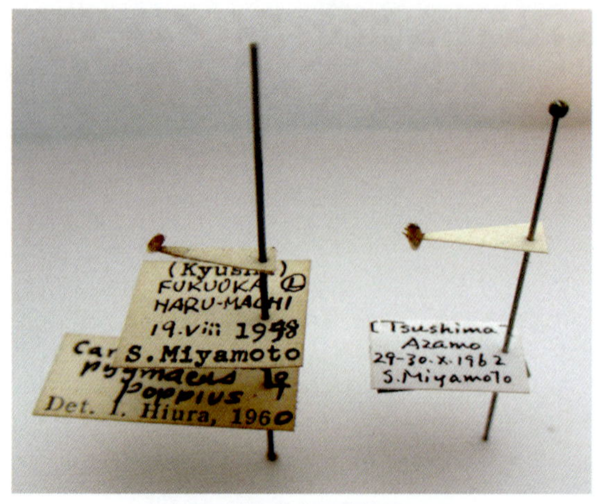

宮本正一博士作成の手書きラベル

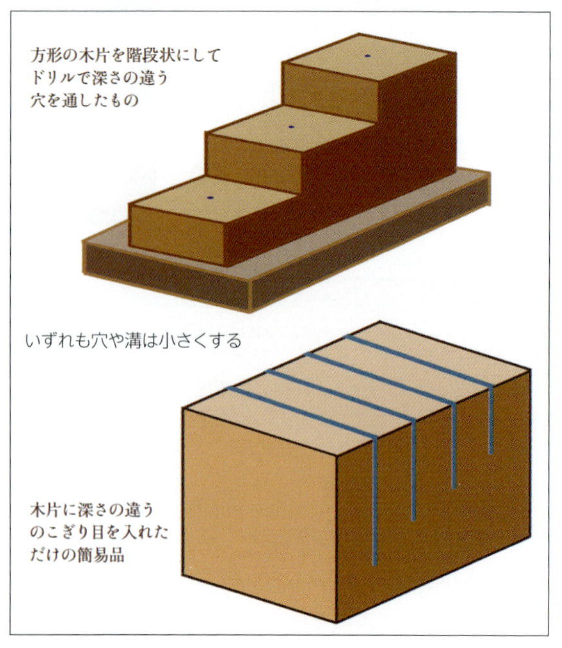

平均台

■標本づくりの流れ

●大型のカメムシ

直接針に刺し通す。針は前胸の後の方か、小楯板に刺すが、正中線を避け、少し右か左にずらすのがミソ。正中線上に分類形質があるグループでは、同定に支障をきたす場合があるからだ。

針を刺す位置。左：ヘリカメムシ科、右：アカスジカメムシ

針はステンレス製を必ず用いるようにしたい。真鍮製や鉄製は時間がたつと腐食して折れてしまう。針は細め(0-2号)が望ましい。

時間がたって腐食した真鍮製の針

●小型のカメムシ

微小種はもちろん、少々大きめのカメムシであっても、三角台紙に貼ってマウントするのが正当派。同定する上でも一番ストレスの少ない方法である。三角台紙は先端が完全に鋭角にならないよう、わずかに台形にしておくと貼りやすいし、はがれにくい。

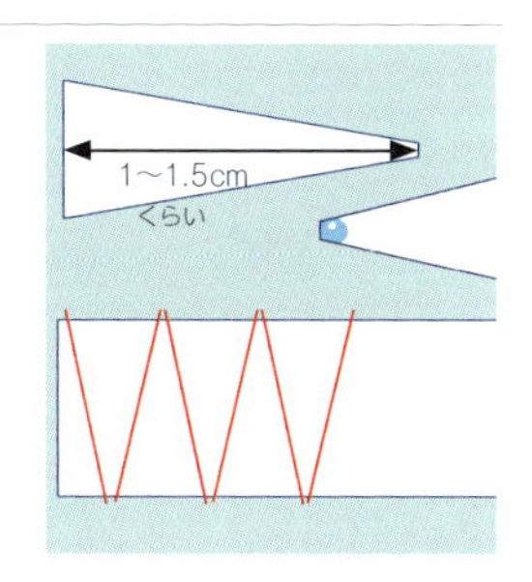

この場合も、同定作業の支障とならないよう写真のように正中線が隠れないように貼るのがベスト

ハナカメムシ類

マルカメムシ

三角台紙を固定する針は太めを用いる。細いと台紙が不安定で、針がしなって標本が弾きとばされるおそれもある。文具として売られている虫ピンも使えないことはないが、短すぎて標本を痛めやすいし、防虫剤で腐食する。針だけは昆虫専用のステンレス製を使用したい。
脱落した体の一部を添付しておくことも研究上重要だ（写真右）。

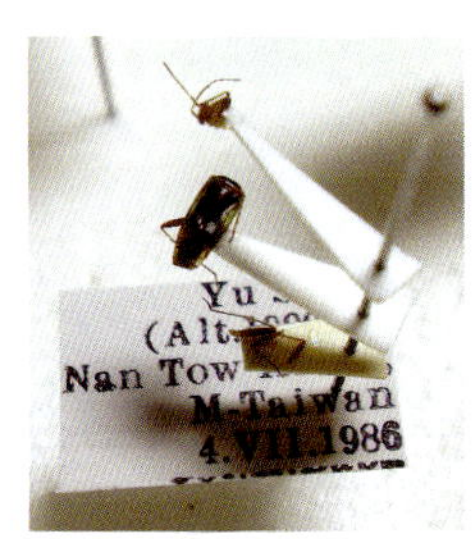

展翅・展足と乾燥標本の軟化

より生き生きとした状態を表現するとき、教材として展示したいときなど、展翅や展足をするとよい。生品のうちに行うのがベストだが、乾燥した標本には水気を戻し、軟化させる。70〜80%アルコールにしばらく浸しておくのがてっとり早い。カメムシ類の表皮はさほど硬くないので、甲虫などに用いる軟化液は使わないのが無難。

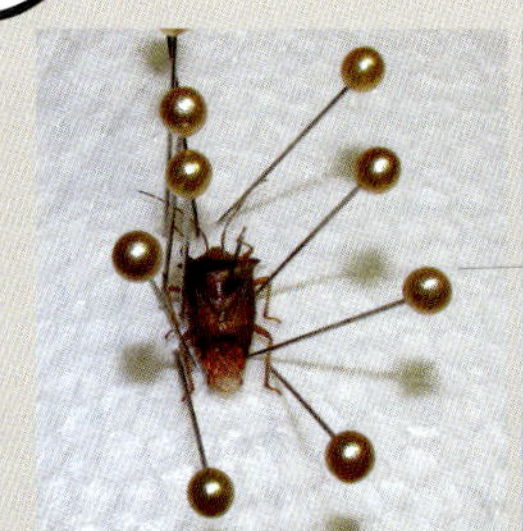

展足標本の作製

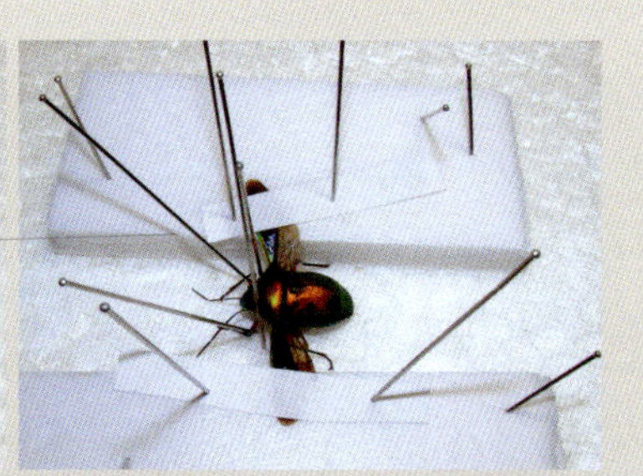

展翅+展足標本の作製

標本の作製 ■忘れてはならないラベリング

● 標本に絶対不可欠なラベルーラベルのない標本は学術的価値を失うー

ラベルには決まったスタイルはないが、「どこで、いつ、だれによって」採れた標本かということが最低限の情報。寄主植物や経緯度、標高、使用したトラップの種類…といったデータがあるとなおよい。記載すべき情報が多い場合、複数枚重ねてもかまわない。

採集場所(地名) GPSデータや標高 採れた植物など 採集年月日 採集者	JAPAN: Shikoku Kochi City, Harimaya 33°33'33"N 133°33'33"E 14 May 2015 M. Takai leg.	高知県高知市 はりまや橋 プラタナス樹上 2015年5月15日 石川五右衛門	JAPAN: Nagasaki Omura Bay, Kinkai WT 32°C, SC 26.5‰ 30. VII. 2017 H. Asanabe et al.

基本的なラベルの例

ラベルデータを作るには表計算ソフトを利用すると楽だ。ケント紙にびっしり印刷しておき、切り取ってつける。文字サイズは5DTPポイント程度。

表計算ソフトで作成しプリンターで印刷したラベルを切り取っている様子

● タイプ標本ー種の存在を裏づける証拠となる重要な標本群ー

タイプ標本とは、新たに種の学名をつけるとき、基準（証拠）として指定された標本（あるいは標本シリーズ）のこと。その種を代表する唯一無二の標本をホロタイプといい、タイプとなる標本が複数個体ある場合にはその中の1個体をホロタイプとし、あとのタイプシリーズをパラタイプに指定する。タイプ標本には赤色など色のついたラベルをつけるのが通例。

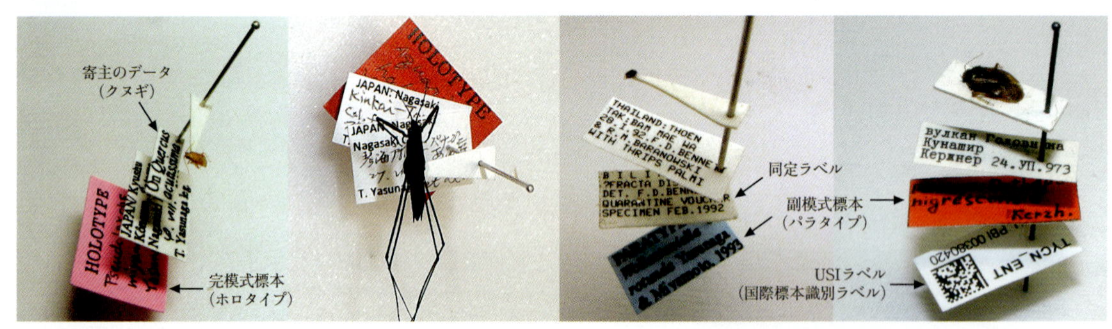

タイプ標本いろいろ（左から：クヌギヒイロカスミカメ、ナガサキアメンボ、ヒメジンガサハナカメムシ、クロスジコアオカスミカメ）

カツオブシムシ・アリ・コナチャタテ・カビは4大脅威

たとうや三角紙に保管していた昆虫を標本にしようと取り出してみると、粉まみれのバラバラになった無残な姿に… これは、動物性の乾燥物を格好の餌とするカツオブシムシやコナチャタテの仕業である。
取り出した標本がうっすらと白いベールをまとった惨憺たる状態に… これは、カビが生えた有様である。
前例は標本を保管していた容器が密閉されておらずムシが侵入したため、後例は密閉した容器の中の湿度が高くてカビの発生に好条件なために起こる。
また、容器にわずかにでも隙間があると、たくさんの小さなアリに侵入され、後には何も残らない。

採集旅行の一時保存時に発生したカツオブシムシ被害

カメムシのみならず、貴重な昆虫標本を不十分な管理で失わないためにも、標本は十分に乾燥させて、密閉した容器に防虫剤とともに保管すべきことを強調したい（泣きを見た経験者談）。

小学生がつくったカメムシ図鑑

手作りによる「江刈 カメムシ図鑑」

2013（平成25）年11月、日本原色カメムシ図鑑第3巻の編集者のもとに岩手県岩手郡葛巻町にある町立江刈小学校の校長先生からお手紙が届きました。この学校は北上高地の北部にある山間の小学校で全校児童29人であること、冬から春にかけて大量のカメムシが室内に入り込み大変嫌われていること、嫌われ者ではあるがせっかくたくさんいるカメムシなのでどんな種類か調べてみようと日本原色カメムシ図鑑で調べ、学校周辺から37種のカメムシを見つけたこと、子ども達もたいへん積極的で次々と新しい種を見つけてはもってくるようになったこと、などが書かれてありました。そして、間違って教えては大変なので、カメムシ図鑑の著者のどなたかに標本などのデータを見ていただけないものか、というご依頼で締めくくられていました。

あたかもお手紙をいただいた日は、「日本原色カメムシ図鑑 第3巻」の刊行記念で、著者の石川忠博士と長島聖大氏（伊丹市昆虫館）の二人によるトークイベントが都内大手書店で行われることが決まっていました。そこで、編集者はすぐに校長先生に電話し、諒解をいただいたうえで、トークイベントの席上、お手紙を紹介したところ、会場は感動に包まれ、終了後の二次会では「行くか行かないか」ではなく、いきなり「いつ行くか」の話題で盛り上がりました。山間の小学校を起点とし、その後岩手県はもとより全国の教育関係者、昆虫愛好家を巻き込んだ大きなムーブメントの始まりでした。

この年の12月25日には子ども達による**「江刈 カメムシ図鑑」**ができあがり、翌2014（平成26）年の2月には前述の研究者2名が訪れてのシンポジウム、6月、10月には現地調査が行われ葛巻のカメムシ相が徐々に明らかになってきました。2016年現在、全容解明にはまだほど遠いものの、25科100種のカメムシが同定されています。

地域の厄介者を、厄介者として排除するのではなく、逆に地域の宝物にしようという「災い転じて福となす」しなやかな発想、子ども達の好奇心と行動力、そして何といってもカメムシそのものがもつ魅力、それらが混然一体となって稀有な成果をつくったといえましょう。

＊ここでご紹介した「江刈 カメムシ図鑑」誕生の経緯は月刊「たくさんのふしぎ」2016年11月号「わたしたちのカメムシずかん—やっかいものが宝ものになった話—」（鈴木海花・はたこうしろう著、福音館書店刊）にくわしく書かれています。

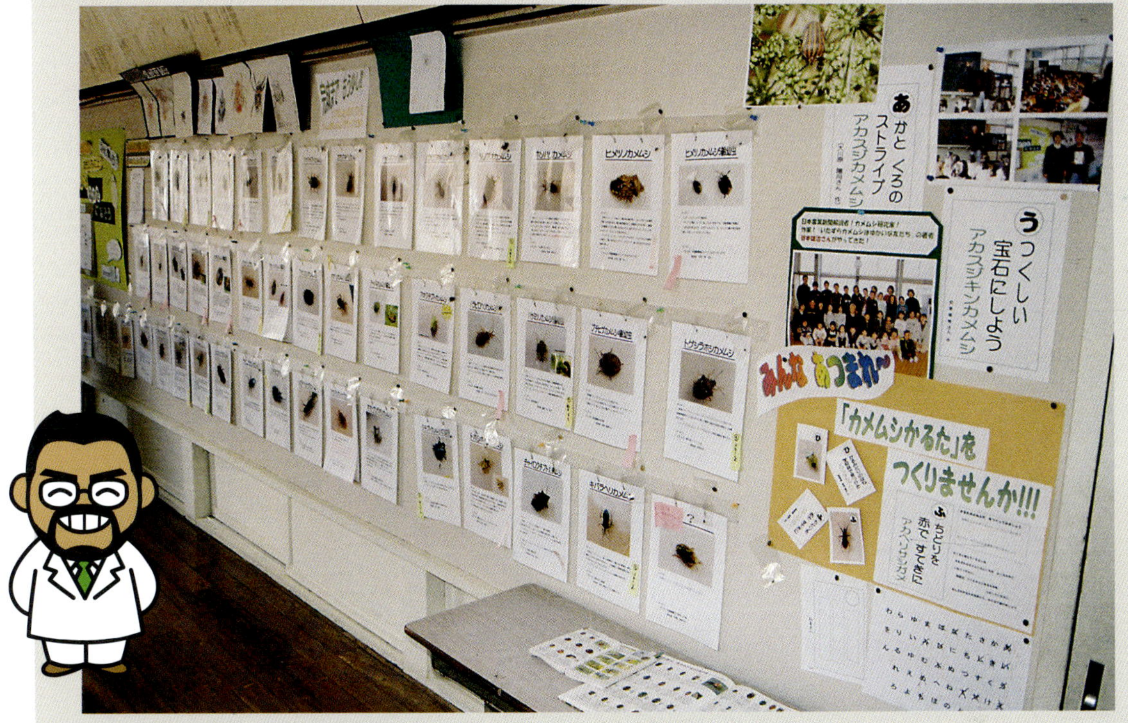

掲示板に張り出されたカメムシ記録カード。名前、写真、採集場所、特徴、発見者が掲載され図鑑のベースになっている

同定と高度な形態観察 ■種を決定する最終ステップ

■同定の基本

同定に際しては図鑑や文献を参照することになるだろう。日本産の陸生カメムシの場合、日本原色カメムシ図鑑シリーズ（2018年現在で第3巻まで）を利用すれば、八割方の種が同定できるとはいえ、まだ10%程度の未知種、未記載種（新種）も存在し、水生カメムシにはさらなる未知種が残っている。だから、誰にでも新種を発見できるチャンスがある。カメムシの同定に役立つ文献･資料はp.201で紹介している。
インターネットの情報も今の時代には欠かせないものだが、主観的で不正確な記述や誤同定もあるので、ユーザー側が正しく取捨選択する基本姿勢が大切だ。もちろん、専門家による信頼できるサイトも開設されている（p.201参照）。

■高度な形態観察による同定

微小なカメムシ類や、大型のものでも種間差が微妙で酷似種を含むグループでは、図鑑との絵合わせだけでは同定できないものが少なくない。こうした「難分類群」と呼べるようなグループに該当するカメムシの同定には、専門的な文献の参照はもとより、より詳しく細部の形態を観察する必要にせまられる。このプロセスでは、毛の生え方、小さな棘の本数、臭腺開口部の形を比べるというような微細構造の観察や、体の一部（とくに腹端の交尾器）を解剖する作業を伴うため、双眼実体顕微鏡は絶対不可欠となる。現在では安価なモデルが多数出回っているので、以下、手元に実体顕微鏡があるという前提で話を進めるが、このレベルまで習得されたあなたは、もう立派なカメムシ博士だ。

■交尾器の観察

ほかの多くの昆虫もそうだが、識別困難な種の正確な同定は、交尾器（生殖器）の形態が決め手となる場合がほとんどだ。もっとも、「生殖的隔離」が主だつ種の定義とされているからには、交尾器が種ごと明確に異なっているのは自然の理といえる。
交尾器は、腹部末端の8～9節にあり、この部分の観察なしに正確な同定のできない種が、ツノカメムシ科、カスミカメムシ科、ハナカメムシ科などに存在する。日本原色カメムシ図鑑シリーズの第2～3巻に難分類群の形態図が適宜掲載されているので詳述は差し控えるが、身近にいる普通種でも交尾器の検鏡を要するものがあり、ここでは、一般的な解剖の手順のみ紹介する。

●交尾器の解剖

ツノカメムシ科のような大型のものは、腹端部を外部から検鏡すればおおむねこと足りるのだが、カスミカメムシ類やハナカメムシ類では、腹部をとりはずして解剖しなければならない（詳細は「日本原色カメムシ図鑑」第2巻参照）。

●器具と試薬類

- 双眼実体顕微鏡：最低100倍程度に拡大できるもの。
- 5～10%の水酸化カリウム（もしくはナトリウム）溶液。
- 先尖ピンセット2本：先端は砥石や目の細かい紙やすりで研いでおく。
- 小型の（耐熱）ガラス瓶、ペトリ皿（径5cm程度）、加熱器具、浅い鍋。

高度な形態観察の例

高度な形態観察の一例として、微小で同定の困難な「難分類群」の代表ともいえるカスミカメムシ科の交尾器（生殖器）による同定をご紹介する。

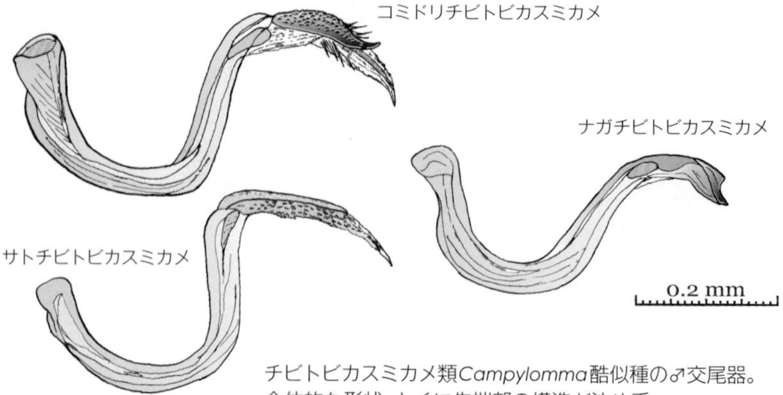

チビトビカスミカメ類*Campylomma*酷似種の♂交尾器。
全体的な形状、とくに先端部の構造が決め手

●手 順

①腹部を実体顕微鏡下でピンセットを用いて取りはずし、水酸化カリウム溶液を5mm深入れたガラス瓶に移す。

②浅い鍋に水を張り、ガラス瓶を置いて3〜15分間重湯煎する。通例3mm以下の微小種なら3分程度、それ以上の大きさならおおむね体長(mm)×1分くらいの見当でよいが、標本の状態やグループによって加減しなければならない。羽化間もない新鮮なものは相当な時間短縮を要する。

重湯煎。使い古した小鍋を流用して湯煎に使用。ガラス瓶の蓋は緩くしめるか、(倒れる心配がなければ)なくてもよい。ガスコンロの場合はとろ火で

③ガラス瓶から水を張ったペトリ皿に移し、実体顕微鏡下で解剖する。

④必要な部分を抽出し、参考文献と比較しながら詳しく観察、同定する。

⑤解剖した部位は、ケント紙の小片に水溶性ボンドで貼り、本体とともに針に刺しておく。望むらくは、グリセリン原液を満たした専用の微小チューブに検体(観察済み交尾器)を保存したいところだが、一般には入手しがたいので、とりあえず最低限の(紙に貼っておく)手法を紹介した。なお、検鏡の際にホールスライドグラス(白い小皿でもよい)にグリセリン原液を入れ、その中で観察すると水の中より見えやすくなる。

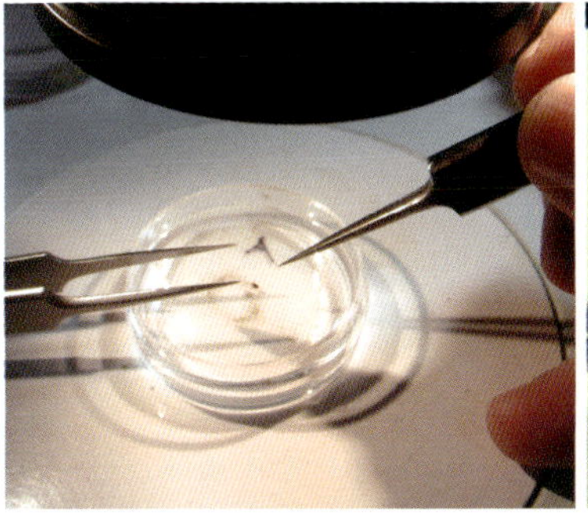

実体顕微鏡下での解剖。左:ペトリ皿は相応の小皿でも代用可。水は(気泡が邪魔をするので)水道の蛇口から直接とらず、しばらく汲み置いたものを使う。右:柔らかくなった腹端部(生殖節)を2本のピンセットで解剖する

以上の方法は、大抵のカメムシに応用できるが、グループによって観察すべき部位が必ずしも同一でなく、体長が同程度でもキチン化の強弱が異なる。加熱が長すぎると肝心な部分が溶解してしまい、取り返しがつかなくなる。最初は短めに時間を計り、こまめに様子を見ながら再加熱してゆく方法がいいだろう。解剖にはある程度の熟練と経験が必要なので、最初は標本数の多い普通種を対象に、練習されることをお奨めしたい。

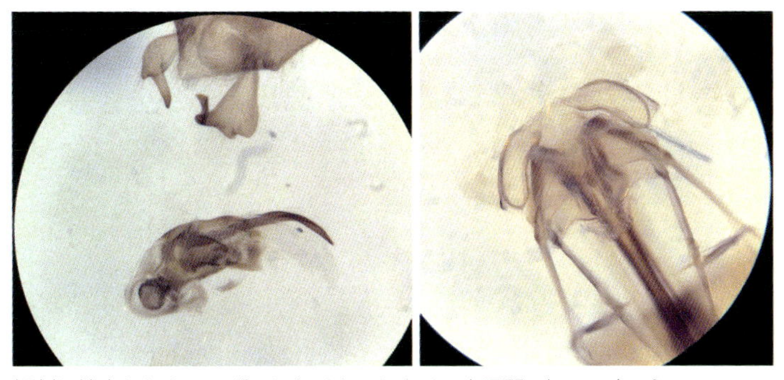

解剖し抽出されたヘリグロミドリカスミカメの交尾器。左:♂、右:♀

必要な試薬である水酸化カリウム(ナトリウム)とグリセリンは、安価に市販されている。注意すべき点は、水酸化カリウム溶液を直接火にかけると突沸して危険。また、この溶液は皮膚に炎症を起こすから、手などについたらすぐに洗い流す。児童生徒は、必ず経験のある教師や識者の監督指導の下で行うこと。

■専門家への同定依頼

どう転んでも同定が無理というサンプルと遭遇し、ぜひとも名を知る必要にかられた場合、最後には専門家にゆだねる方法が残る。専門家同士であっても、主な研究対象としていないグループなど、相互に同定を依頼することも少なくない。国内だけではなく、海外との標本のやりとりも頻繁に行われている。

●同定依頼のマナー

専門家に同定を依頼する場合、守っていただきたい最低限のマナーがある。まずは、標本を送付する前に同定依頼の受諾の可否を相談していただくことである。その際、依頼の理由や標本数、大まかなグループも伝えてもらうことで、その後のやりとりがスムーズになる。カメムシの種類によっては解剖を要する場面も多々あり、その分同定にかかる時間も労力も光熱費も増える。専門家といえど同定を稼業としている人はまずいない。同定は、専門家が本来の仕事の合間を縫って行うボランティア、すなわち、同定者の善意と、同定者と依頼者間の信頼関係で成り立っていることをご承知おき願いたい。

●発送の方法

標本は「こわれもの」である。同定要請を受けた専門家の元に標本を届けるのに、直接持参できなければ、郵送もしくは宅配便を利用することになろう。標本を梱包する際は、緩衝材を入れるなどして標本が壊れないことを最優先にご準備いただきたい。専門家に届いたときに標本が壊れていたら元も子もない。場合によっては同定できない場合もあるのでご注意を。また、インターネット環境の向上とともに、撮影した昆虫の写真を元に同定を依頼される場合も増えてきた。写真からの同定もある程度はできなくもないが、正確さを重視するのなら標本を実検するに越したことはない。自身の経験では、写真による同定結果が現物と違っていたことが一度ならずあった。もちろん、写真だけで確実に同定できれば、標本を送付するには及ばない。

台風の恩恵？—シュールな海産カメムシたち—

カメムシ類は遠洋にまで生息域をひろげた唯一の昆虫だ。狙っても滅多に採れない珍種佳品が海産カメムシにあまたある。沿岸性のウミアメンボ類やケシウミアメンボは、条件の整った海岸に出向けば比較的容易に観察できるが、遠洋性ウミアメンボは偶然の賜物にほかならず、さらには「目視できない」幽霊まがいの海産カメムシも存在する(p.165 サンゴアメンボ；干潮のときだけ活動し、満潮時には海面下で息を潜める変わりもの)。彼らは珊瑚礁の岸辺に沿うよう、弧を描きつつ超速でクルーズしており、軌跡のみ瞬時、かすかな残像として眼に映るだけだ。ひっきょう、採集には「最盛期のイチローばりの動体視力」あるいは「消える魔球を弾き返す凄技」が求められる。

つい先頃、台風通過で荒れ模様の沖縄、打ちあげられた遠洋性ウミアメンボ(p.93参照)を求め、風表の海岸部に出陣。遠洋性種は採れなかったけれど、とあるひなびた漁港で、おびただしいウミアメンボが岸壁に吹き寄せられているのを発見。これ幸いとすくっていたら、知らないうちにサンゴアメンボがいくつか採れており、生体画像が本書に掲載できるはこびとなった。まさに台風の恩恵、災い転じた奇貨を鉛色の天に深く謝した。もっとも、こうした採集行はきわめてリスキーで、決して推奨できるものではない。天然のリーフと防波堤の要害あらばこそ、千載一遇の恩賜にあずかれた。調査サイトの選定を一歩誤っていたら、自身、遠洋性ウミアメンボたちの好餌となり果てていたに違いない。

台風通過後の漁港で採れたサンゴアメンボが産卵した

〈付〉
もっと知りたいカメムシの世界

●解き明かすべき謎はつきない●

ようやく分類整理が進展してきた日本のカメムシだが、その大多数をめぐる生態はほとんどわかっておらず、研究すべき余地は広大無辺だ。

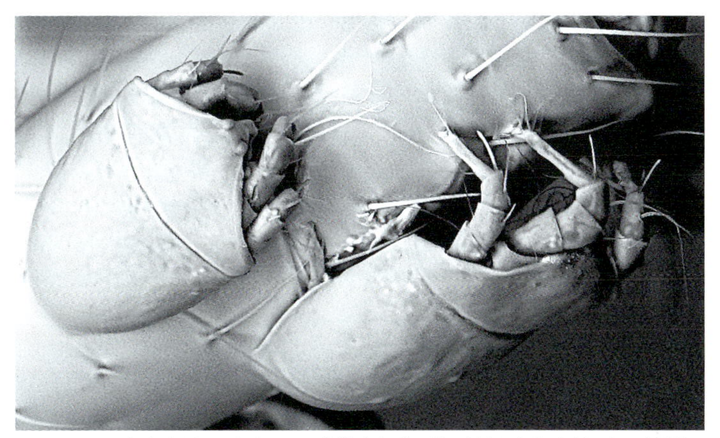

キモンクロハナカメムシにたかっていた微小なダニは、奇妙にもカメムシそっくりだった…はたして偶然の一致だろうか

共生と寄生の縮図：タイの山奥にすむマルカメムシの一種（左：交尾個体）は、お日さま（上：終齢幼虫）のもと、ハゴロモ（右）と仲良しだったが、♀の背中には寄生蜂がしがみついて狙っていた

カメムシと人間

■人間に有用なカメムシ；本来はすべてが生態系を担う役割を果たしている。

① 天敵資材として

ヒメハナカメムシ類は企業で大量増殖され、おもにアザミウマ駆除用のボトル商品となって市販されている。このほか、クチブトカメムシ類（ヨトウガなど）やタバコカスミカメ（コナジラミ類）なども農業害虫の駆除に働くことが知られる。

タイリクヒメハナカメムシを使った天敵資材
（丸山博紀氏提供）

② 環境指標として

カメムシの多くが特定の植物で生活し、水生・半水生のものは水質や環境が良好でなければ生存できないので、カメムシの種相が生息環境の良否を判断するうえで、重要な指標となりうる。

③ 食材・商品の材料として

インドシナや中国ではタイワンタガメが直接食材となっているほか、香料や香水の原料としても利用されている。

カンボジアの昆虫屋台

タイワンタガメスナックを求める女性

食材カメムシの主要な供給元カンボジアではおそろしい規模のライトトラップが点在し、遠からず絶滅が懸念される

カメムシ（メンダー）の瓶詰（タイ）

メンダー風味の魚醤

■絶滅が心配されるカメムシたち

都市化や開発、外来種からの圧力によって、存亡の危機に瀕しているカメムシたちがいる。2018年現在、環境省のRDB（レッドデータブック）に登載されている絶滅危惧種は20種、準絶滅危惧種も43種におよぶ。これらのうち、約半数の30種が水生・半水生のカメムシで、もっとも危機に瀕する絶滅危惧ⅠA類にタイワンコオイムシ、タイワンタガメ、カワムラナベブタムシが入っている。次いで小笠原、南西諸島、対馬といった島嶼分布種や、里山生息種が名を連ねる。このことは、日本古来の陸水、海浜、島嶼、里山の環境が急速に失われている現状を如実に物語っている。稀少なカメムシたちは、環境のバロメーターなのだ。都道府県ごとのRDBでは、実に300種以上がリストアップされている。関連の詳しい情報は環境省のサイトで閲覧可能。リストになくとも、多くの在来のカメムシが数を減じているのは間違いなく、市街地近郊では外来種ばかり目につくような状況も茶飯事となってきた。また、温暖化で生息種相が各地で変化しつつあるのも懸念される。

絶滅危惧ⅠA類のタイワンコオイムシ（カンボジア産）

■カメムシは人類の大大先輩

カメムシの歴史は人類よりはるかに長く、これまでに発見された最古の化石はタイコウチの仲間で、年代は三畳紀と推定されている。その他のグループも以下の時代にはすでに現れていた。
ハナカメムシ：ジュラ紀、フタガタカメムシ：白亜紀中期、カスミカメムシ類と広義のナガカメムシ類：ジュラ紀中期、イトアメンボ科：白亜紀初期、カメムシ上科：おおむね白亜紀後期から新生代初期頃、最古の化石はヘリカメムシ類の三畳紀。アメンボとグンバイムシは比較的新しく出現したようで、始新世頃とされるが、もちろん人類の直接祖先の誕生より3千万年以上古い。

カメムシの切手

日本では嫌われがちなカメムシも、世界を見渡せば思いのほか利用されている。その一例が切手のデザインだろうか。かつて日本郵便にアカスジキンカメムシが登場したのは破格の取り扱いだったといえようが、東南アジアなどでは結構たくさんのカメムシ類が切手になっている。さすがにカメムシを食べる地域だけあって、嫌悪されないせいかもしれない。カメムシにとっては大してありがたくもなかろうが。

ベトナムの切手3種類

日本の切手

人間とカメムシ

■人間の嫌うカメムシ；人血依存種を除き人間好きのカメムシもたぶんいない。

① 農林水産業害虫として

第1章(p.11)、第2章(p.64)でも紹介したように主食の水稲を加害し、黒蝕・斑点米を産出する重要種や、野菜・果樹の害虫種はたいへん多い。かつてタガメやミズカマキリは淡水魚養殖の大敵だったが、現在はほとんどいなくなった。ただし、ここにも国民性があらわれ、東南アジアでは黒蝕米や斑点米をあまり気にしないところが、神経質な日本とは大きく異なっている。
果菜類や果樹に被害を与えるカメムシ類は枚挙にいとまがないほどだが、スギやヒノキの苗木を加害する林業害虫、花卉や植え込み、街路樹を損なう園芸害虫も少なくない。最近は、外来種による被害も急増中。

コバネヒョウタンナガカメムシによる斑点米被害

トマトの被害

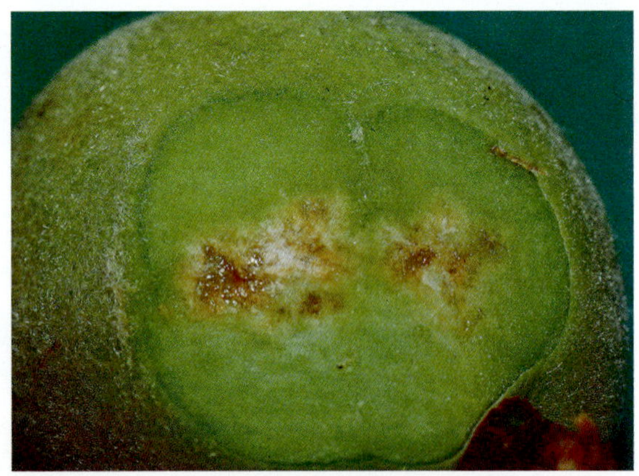
モモの被害

② 衛生害虫として

オオサシガメ類、トコジラミ類といった吸血カメムシに代表され、ことにオオサシガメ類は南米～メソアメリカ中心にシャガス病（トリパノソーマ原虫）を媒介する。カメムシの臭液は刺激物を含み、粘膜や傷口につくとかぶれや疼痛を引き起こすことがあり、まれに眼に入って失明した例もある。カスミカメムシやハナカメムシはしばしば人を刺すものの、微小なのでさほど問題にならないが、タガメやマツモムシ、サシガメ類に刺されると激痛を伴い、しばらく腫れがひかない。
中国ではカメムシを酒のつまみとして食べる地方があり、比較的最近、食べ過ぎて集団食中毒を起こしたという笑えないニュースも流れた。

オオサシガメ（ベトナム産）

③ 不快害虫として

通念的には、ほとんどがこのカテゴリーといえるだろう。概して「カメムシ＝くっさーい＝大嫌い」という図式で表現できるが、東南アジアではさほど嫌われている風でもなく、要はカメムシの臭気をどう感じるかという個人的感覚、国民性の違いにも影響されるようだ(第1章 p.18参照)。本書の著者らは、カメムシは基本的にかぐわしいものと信じて疑わない。

臭気の強いホシハラビロヘリカメムシも、友好的に対応すればこのとおり無害無臭

カメムシの家屋侵入を防ぐには？

カメムシが嫌いなひとにとって、自宅に侵入される、ましてそれが部屋の隅で群れをなしているとすれば…これは想像を絶する脅威に違いない。侵入の要因は「灯火を慕って飛来する」か「越冬場所を求めて侵入する(第1章 p.59)」場合がもっぱらだが、いずれも、「侵入を阻止する」ことが大前提で、いったん侵入されたら物理的に排除するしか手立てはない。とくに越冬個体は集まる一方かつ春まで退去予定はないから、秋に侵入させないことが鍵となる。窓（網戸）を開放しない、隙間を塞ぐ、通気口に網をはる、要所に市販の忌避剤をスプレーしておく、といった対策が有効である。朝晩の冷え込みを感じるようになった秋の晴天時、カメムシたちはねぐらを探して盛んに飛び回る。やがて建物の陽当たりのいい壁や窓辺にとまり、這い込んでくるのだ。一度越冬場所に使われると、フェロモンの影響なのか、毎年同じ建物がターゲットになったり、特定の家屋だけをめがけて集合するような例もあるから、ともかくも「入らせない」ことが肝要である。

網戸を閉め忘れたら、マルカメムシが点々とカーテンに

秋、網戸にとまって侵入を試みるキマダラカメムシ

春間近、どこにひそんでいたのか、窓辺に現れ出たキマダラカメムシ

カメムシの飼育

●基本的な飼育のノウハウ

観察や撮影、正確な同定のため、採集したカメムシをしばらく飼いつなぐ機転と知恵も大切だ。

カスミカメ類は幼虫だけで同定できないことが多いが、4～5齢幼虫であればたいてい代替餌で成虫まで育てることが可能。①ついていた植物やキノコなどといっしょに適当な容器に入れておくか、②バナナやマンゴーなど栄養価の高いフルーツ(かけらでよい)や、蜂蜜もしくは乳酸菌飲料を水で少々うすめ、脱脂綿に浸ませて与えるとよく摂食する。捕食性のものも少なくないので、小型のイモムシなど(新しい死骸で可)を入れるとなお良い。種内捕食を避けるため容器あたりの飼育個体数は少なめにしたい(あえて多数を容器で飼い、共食いさせて勝ち残り組の羽化を期待するという究極の裏技もあるにはあるが、もちろん、お奨めはできない)。③水生・半水生カメムシも水質管理に気をつけておけば、けっこう長く飼うことができる。基本的に生き餌が必要なので、嗜好に合う餌の調達が飼育の成り行きを左右する。アメンボは干しエビや乾燥赤虫などを食べてくれるが、水面に浮かんだ対象しか摂食しない。

ブドウとグリーンピースで飼育中のアオクサカメムシとチャバネアオカメムシ

マンゴー果実で飼育中のコミドリチビトビカスミカメ

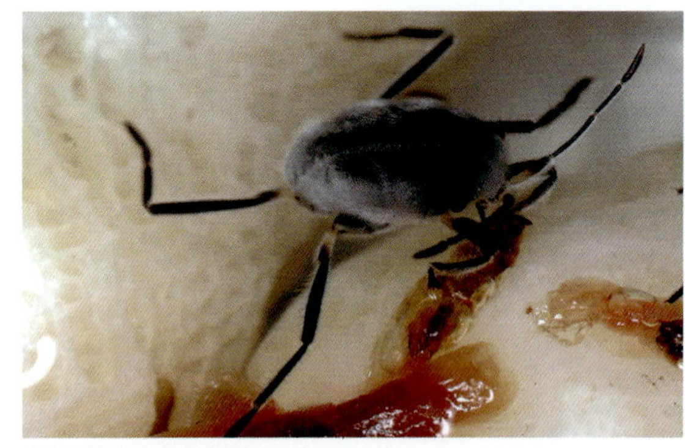

市販の乾燥赤虫を吸うサンゴアメンボ

カメムシの方言とことわざ

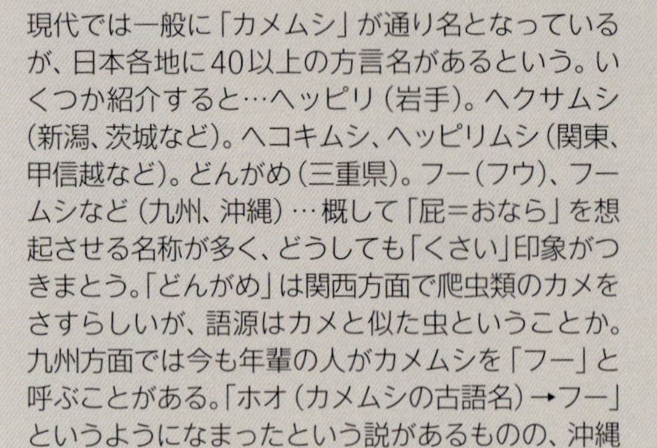

現代では一般に「カメムシ」が通り名となっているが、日本各地に40以上の方言名があるという。いくつか紹介すると…ヘッピリ(岩手)。ヘクサムシ(新潟、茨城など)。ヘコキムシ、ヘッピリムシ(関東、甲信越など)。どんがめ(三重県)。フー(フウ)、フームシなど(九州、沖縄)…概して「屁=おなら」を想起させる名称が多く、どうしても「くさい」印象がつきまとう。「どんがめ」は関西方面で爬虫類のカメをさすらしいが、語源はカメと似た虫ということか。九州方面では今も年輩の人がカメムシを「フー」と呼ぶことがある。「ホオ(カメムシの古語名)→フー」というようになまったという説があるものの、沖縄でも同じ方言名が使われてきたそうなので、ひょっとしたら中国や東南アジアの外来語由来かもしれない。いずれにしても、あまりプラスの意味ととれる方言は僅少で、フームシのほうがまだしも興趣がありそうだ。

九州にはカメムシの登場することわざもある。「アマメがフを笑う」、「トウメがフを笑う」といったもので(アマメ=ゴキブリ;西九州ではアマメはフナムシもさす、トウメ=芋虫)、「目くそ鼻くそを笑う」程度の意味らしい。一方、「カメムシの多い年は大雪になる」といういわれもよく耳にする。科学的根拠に乏しいとはいえ、「カメムシたちが大雪を見越し、例年より多く家屋に侵入する(=より人目につきやすくなる)」という因果関係が実証できれば、カメムシの大雪予報もナマズの地震予知くらいには評価されてよいかもしれない。

● 簡単にできるダイズとラッカセイによる飼育

アオクサカメムシ、ミナミアオカメムシ、チャバネアオカメムシなどは食性が広く、乾燥ダイズと水で飼育できるが、食性の狭いイシハラカメムシ（食性：ミツバウツギの実）、オオキンカメムシ（食性：アブラギリの実）、ニシキキンカメムシ（食性：ツゲの実）などを飼育しようとすると餌の確保が容易でないので代替餌が必要になる。このような場合、生ラッカセイが大いに役立つ。飼育は、卵から始める方が、幼虫の餌への取り付きがいいようである。植物の実を吸汁するカメムシの卵や幼虫を手に入れたら、とりあえず生ラッカセイで飼育を試みて飼育の可否を確かめるといい。イシハラカメムシやオオキンカメムシもこのようにして飼育に成功した実績がある。

ラッカセイで飼育したオオキンカメムシ4〜5齢幼虫

飼育容器は、透明のプラスチック製容器やアイスクリームカップなどを利用する。容器内の湿度が高くなると餌にカビが発生しやすくなるので、蓋の一部を切り抜き、そこに目の細かいネットやゴースを接着剤で貼り付けて通気をよくする。プラスチック製のタッパーなどを利用するときには、容器の底にキッチンペーパーなどを敷き、餌と吸水用の容器を入れる。吸水用の容器として、湿らした脱脂綿かティッシュを詰め込んだ管ビンを置くとよい。アイスクリームカップを利用する場合は、大きさの異なる2種類のカップを準備し、蓋をつけたままの小さいカップの上に大きめのカップを接着剤で貼り付け、上下のカップが接した中心部に熱した金属棒で穴をあける。この穴にろ紙を筒状に丸めて差し込み、下の容器に水を入れると給水準備は完了。上のカップの底には、吸水用に差した円筒のろ紙棒に触れないように穴をくり抜いたろ紙を敷く。この飼育容器は上の蓋や吸水用の下のカップを簡単に外せるので、餌やりや給水などの管理がしやすく、飼育容器としてお勧めである。最初から大きな容器で飼うよりも3齢幼虫になるまでは、アイスクリームカップ製の小さな容器で飼育し、3齢幼虫からタッパー等の大きな容器に移すとよい。高温多湿の時期には、餌にカビが生えやすくなるので、よく観察して餌にカビが生え始めたら交換する。吸水用の水、ろ紙、底に敷いたキッチンペーパーは適宜新しいものに交換する。

● 飼育者泣かせの偏食家たち

サシガメ類は好き嫌いが激しく、生き餌しか食べない。餌は昆虫であることが多いが、好みがわかっていない場合は、サシガメが得られた場所にいる相応なサイズの小動物を片端から与え、食べるか食べないか確認しなければならない。餌となる昆虫がわかったとして、その餌昆虫自体を頻繁に採りに行くか、飼育する必要もある。手間がかかるので、市販のミールワームを与えたことがあるが、普段ほとんど動かないトビイロサシガメ類は、ミールワームから逆に食べられてしまった（涙）。また、餌を与えすぎると食べ過ぎで死ぬこともある。飼育が面倒なうえ、餌の与え方にも気を遣う。これとは対照的に、モンシロサシガメ亜科には、どんな昆虫でも食べてくれる健啖家が多い。経験上、トビイロサシガメ亜科ではゴキブリ類を、アシナガサシガメ亜科・ユミアシサシガメ亜科ではユスリカ類やウンカ・ヨコバイ類を好むことがわかっている。この偏食傾向が、カスミカメ類に次ぐ多様性を産んだのかもしれない。
水生カメムシにも珪藻やプランクトンしか食べない美食家？が知られるが、超級の偏食家がウシカメムシだ。何と セミの卵を主食とするというから、飼育するには餌の供給が困難きわまりない。

サクラ枝上のウシカメムシ3齢幼虫

海外の変わったカメムシ

欧米の研究者の視点では、わが国のカメムシたちにも興味をそそる変わりだねがいるようだ。日本でもめったにお目にかかれないツシマオオカメムシや、目立つうえにわが子に餌まで運んで育てるベニツチカメムシなどがそうらしい。とはいえ、多様性の高い熱帯圏には、想像を超えた巨大なものや、珍奇な色彩形態をもつカメムシは升で量るほど存在する。ここでは、筆者らが海外で出会った面白いカメムシたちにちょっと触れてみたい。

ケニアのとんがりエビイロカメムシ類

ケニアの人面ツチカメムシ

ボルネオ・ダナンバレーのオオカメムシ

ケニア産キンカメムシはいかにもアフロなデザイン

渋い色合いのカスミカメ *Michailocoris pulchoki*（ネパール）

すばらしいブルーのカメムシ（ボルネオ）

ゾウムシか乾いた糞のようなカメムシ（ケニア）

メタリックグリーンのミャンマー産オオカメムシの一種

小楯板に筆？タイとフィリピンに分布するハシリカスミカメの仲間 *Peniculimiris meniscus*

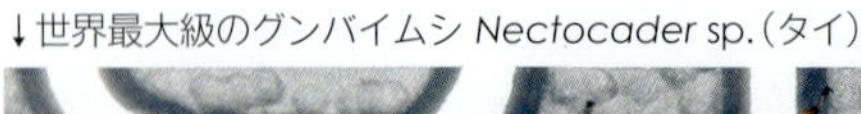

↓世界最大級のグンバイムシ *Nectocader* sp.（タイ）

ぎょっとする長さの*Macroceroea grandis*（高橋敬一氏原図）

明らかにハチに擬態しているカスミカメムシ
Pachypeltis humerale（タイ）

そこまでアリになりたい？
Pilophorus barbiger（タイ）

日本にいない科 Colobathristidae は鋭い武器をもつクモヘリカメムシ類の近縁群

台湾の *Cazira* 属クチブトカメムシ類は 'カジラ' というよりゴジラ？

子連れで引っ越し自在の偉大な母、*Pygoplatys*属オオカメムシ類（ボルネオ）

東南アジアの清流にすむ赤いカタビロアメンボ
Perittopus sp.

↓東南アジアには幻想的色彩のスカシカスミカメムシ類が多い（写真は *Hyalopeplus malayensis*）

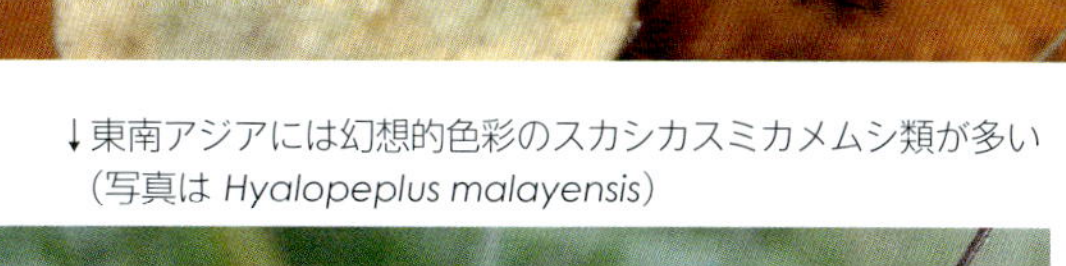

↓獰猛なツムギアリが好物のアメンボ *Limnometra* sp.（タイ）

カメムシランキング

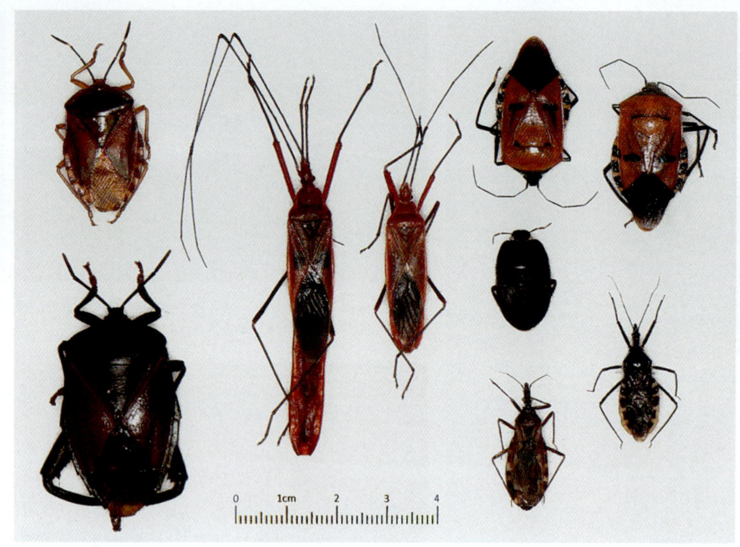

世界の巨大カメムシたち

●大きさ・長さ・重さ：最大の大きさ、重量を誇るのはやはりタガメ。とくに南米産の種は巨大で、12cmにおよぶ個体もある。オオカメムシ科には重量感たっぷりの種が多い。長さだけならホシカメムシ類に長大な腹部をもつ種(*Macroceroea grandis*)がある。いっぽう、最小の種はこれと特定するのは困難ながら、ムクゲカメムシ類が概して微小。サンゴカメムシも相当小さい。

●寿命：ほとんどすべてのカメムシは1年未満。年何回も発生を繰り返す種では卵から往生まで3か月未満。例外的にタガメは2年生きることもあるそうで、大事に飼育すれば3年程度生きながらえるという(系統発生としては恐竜時代以前に出現)。セミのように数年地中生活するようなものが見つかれば、カメムシ短命説が覆されるのだが。

●移動距離：キンカメムシ類の移動力もよく知られるが、毎年のようにインドシナ方面から飛来するカタグロミドリカスミカメやムナグロキイロカスミカメは軽く3千マイルは移動していると推定される。もちろん、自力では無理で、夏場の季節風に乗ってやって来る(第1章p.48参照)。

●標高：ヒマラヤ調査の経験では、4,000m台はまだ植物が少なくないのでカメムシもそこそこ見られるが、5,000m超では氷河やガレ場になり、カメムシの生存可能域が局限される。現時点での記録は、ヒマラヤ〜カラコルム産のヒメナガカメムシの一種 5,297m、ナガカメムシ上科の一種 5,300m、チビカスミカメの2種 5,334m, 5,360m。日本産ではタカネアオカスミカメ(乗鞍岳の約3,000m)。

ヒマラヤの峰々

●飛翔速度：これもキンカメムシ類がおそらく最速と考えられるものの(第1章p.21参照)、明確な速度を示す記録はない。

●走る速度：地表徘徊性のカメムシは比較的速い。体の大きさに対して最速と考えられる韋駄天はキノコカスミカメ類とアシナガミギワカメムシ類をもって双璧としたい。5mm程度のものが一瞬で20cmくらい駆け抜けるから相当なもの。大人の歩く速度に匹敵する。他方、一番遅いのはグンバイムシ類やヒラタカメムシ類だろうか。遅いというより動きたがらない怠け者だ。

●水深：とくに記録はないが、水生半翅類でもさほど深くは潜らない。ナベブタムシやコバンムシあたりがおそらく一番深い場所で生活できると思われる(それでもせいぜい数mのレベル)。一方、水面とはいえ太平洋のど真ん中に生息できる昆虫は遠洋性ウミアメンボ類だけだ。

マーシャル諸島沖の太平洋

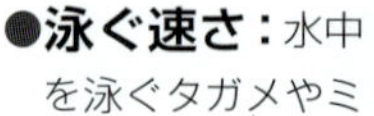
●泳ぐ速さ：水中を泳ぐタガメやミズカマキリなどはむしろのろく、捕食も待ち伏せが基本。バックスイマーに徹するマツモムシ類がより俊敏だ。水面を滑走するアメンボ類はまずまず速い部類といえ、とくに海産のもの(中でもシロウミアメンボ)が速く、目視困難なサンゴアメンボの超速泳法には定評がある。

●においの強さ：オオカメムシ類の噴出する臭液量は多く、深刻な皮膚炎や失明の原因となった実例もある。酸性刺激臭の強さでは大型のヘリカメムシ類やツチカメムシ類が群を抜く(第1章 p.18参照)。

役に立つ文献・書籍

下に紹介したもの以外にもいくつかの古典的重要書籍があるが、現在、古書としても入手困難なものは割愛した。こうした書籍類は、Schuh & Slater (1995)の文献リストに網羅されている。

日本原色カメムシ図鑑第1－3巻：(第1巻) ISBN978-4-88137-052-0；第2巻ISBN978-4-88137-089-6；第3巻ISBN978-4-88137-168-8 日本の陸生カメムシを同定するために必須の図鑑シリーズ。水生を含んだ第4巻準備中(p.172参照)。

日本半翅類学会誌Rostria：1962年創刊で2018年現在62号。

川合禎次・谷田 一三（共編）日本産水生昆虫 第二版(2018)：科・属・種への検索。 水生・半水生カメムシの既知種が検索可能(林・宮本)。 ISBN-10：4486017749; ISBN-13: 978-4486017745

McGavin (1999) Bugs of the World. ISBN-10: 0713727861; ISBN-13: 978-0713727869 カメムシ全般を一般向けにカラー写真とともに紹介した草創的な生態図鑑。世界と銘打つには情報量は少ないが、英語の勉強をしながらカメムシを知るのに重宝な本。

Miller (1971) Biology of the Heteroptera. ISBN 10:0900848456；ISBN 13：9780900848452 初歩的なカメムシの生態を概説した古典的な良書。時代柄カラー図版はないのが残念。

Schuh & Slater (1995) True Bugs of the World. ISBN-10：0801420660；ISBN-13：978-0801420665 カメムシ全般を詳しく解説するバイブル的一書。現在は中古しか入手できないが、2020年までに2nd editionが発刊される予定(カメムシ博士入門で掲載できなかった画像をいくつか提供している)。

Wheeler (2001) Biology of the Plant Bugs (Hemiptera：Miridae)-Pests, Predators, Opportunists. ISBN-10：0801438276；ISBN-13：978-0801438271 カスミカメムシ科を専門に研究しようとする人には必読の一書(くわしい紹介は日本原色カメムシ図鑑第2巻参照)。

鄭勝仲・林義祥 (2013) 台湾自然図鑑29―椿象図鑑, 晨星出版ISBN-13：9789861777399 台湾版原色カメムシ図鑑ともいうべき瀟洒な書籍だが、カスミカメムシ類など微小種を含むグループに誤同定があるのはやむを得ない。

CATALOGUE OF THE PALAEARCTIC HETEROPTERA I-VI 日本を含む旧北区全般のカメムシを網羅するカタログで、分類学者必携のシリーズ全6巻(オランダ昆虫学会刊)。

KEYS TO THE INSECTS OF THE FAR EAST OF THE USSR―Volume II. HOMOPTERA AND HETEROPTERA (1988) ロシア科学アカデミー出版の極東ロシア産半翅類の検索本。とくに北日本のカメムシ類を調べるにあたって無視できない。原版はロシア語だが、ウェブサイトで英訳版PDFが無料でダウンロードできる。

■カメムシの同定と情報収集に有用なウェブサイト

http://ihs.myspecies.info/ 国際異翅半翅類学会(IHS)のホームページ。さまざまな新着情報や書籍・文献が掲載されており、カメムシ研究者には重要なサイト。

https://www.rostria.net/ カメムシ博士をめざす人なら必ず訪問したい日本半翅類学会のホームページ。

http://research.amnh.org/pbi/catalog/ カスミカメムシ類のウェブカタログ。分類学上必須の情報が検索でき、他の有用な生きもの検索サイトDiscover life (http://www.discoverlife.org/)とリンクしている。

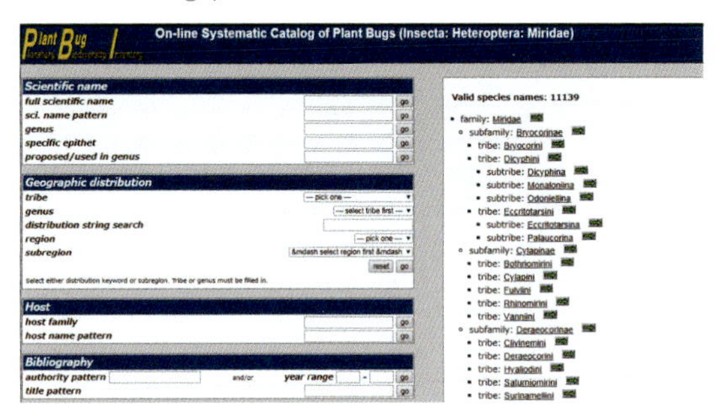

http://research.amnh.org/pbi/heteropteraspeciespage/ 種名からカメムシの標本データや寄主植物の情報が検索できる。日々、拡張充実の努力が続けられている。

http://www.organismnames.com/query.htm カメムシ類だけではなく、あらゆる既知生物種の学名が網羅されている検索サイト。

http://twinsecttype.nmns.edu.tw/specimens/ 台湾自然科学博物館が運営する、「台湾から記載された昆虫のタイプ標本」情報サイト。分類学者にはとてもありがたい。

このほかにも、海外には地域・国ごとの生息種を紹介する役立つサイトが開設されている(イギリス―http://www.britishbugs.org.uk/index.html、北米―https://bugguide.net/node/view/94266など)

カメムシ和名索引（兼和名－学名対照）

（★印は本書での新和名）

【ア】アオクサカメムシ *Nezara antennata* ……11, 100, 196, 197
アオクチブトカメムシ *Dinorhynchus dybowskyi* …… 12, 60, 103
アオモンツノカメムシ *Elasmostethus nubilus* ……44
アカアシクチブトカメムシ *Pinthaeus sanguinipes* …… 103
アカオオイトカメムシ *Metatropis brevirostris* …… 135
アカギカメムシ *Cantao ocellatus* ……19, 21, 48, 106
アカサシガメ *Cydnocoris russatus* …… 140
アカシマサシガメ *Haematoloecha nigrorufa* …… 76, 142
アカスジカスミカメ *Stenotus rubrovittatus* …… 11, 64
アカスジカメムシ *Graphosoma rubrolineatum* …… 14, 16, 51, 54, 56, 62, 103, 185
アカスジキンカメムシ *Poecilocoris lewisi* …… 65, 104, 105, 193
アカヒメチビカスミカメ *Decomioides schneirlai* ……53
アカヒメヘリカメムシ *Rhopalus maculatus* …… 119
アカヘリカメムシ *Leptocoris augur* …… 119
アカヘリサシガメ *Rhynocoris rubromarginatus* …… 142
アカヘリナガカメムシ *Arocatus pseudosericans* …… 125
アカホシカメムシ *Dysdercus cingulatus* …… 56, 122, 123
アカマキバサシガメ *Gorpis brevilineatus* ……56
アシアカカメムシ *Pentatoma rufipes* ……102, 103
アシアカクロカスミカメ *Philostephanus rubripes* ……30
アシナガサシガメ *Schidium marcidum* …… 24, 143, 176
アシビロヘリカメムシ *Leptoglossus gonagra* …… 114, 115
アシブトカタビロアメンボ *Rhagovelia esakii* ……25
アシブトマキバサシガメ *Prostemma hilgendorfii* …… 137
アシブトメミズムシ *Nerthra macrothorax* …… 29, 88, 161
アシマダラアカサシガメ *Haematoloecha rubescens* ……94
アシマダラクロカスミカメ *Polymerus pekinensis* ……16
アズマカスミカメ *Azumamiris vernalis* …… 147
アッサムホソメダカナガカメムシ *Ninomimus assamensis* ……133
アマミアメンボ *Aquarius paludum amamiensis* ……23, 29, 37, 163
アマミフタスジカスミカメ *Stenotus takaii* ……54
アヤナミカメムシ *Agonoscelis femoralis* ……58
アワダチソウグンバイ *Corythucha marmorata* ……35, 48, 49, 151
【イ】イシハラカメムシ *Chalazonotum ishiharai* ……197
イシハラナガカメムシ *Pylorgus ishiharai* ……63
イシハラハサミツノカメムシ *Acanthosoma ishiharai* ……109
イッカクカスミカメ *Acrorrhinium inexpectatum* …… 54, 94
イトカメムシ *Yemma exilis* ……17, 20, 35, 135
イネクロカメムシ *Scotinophara lurida* …… 103
イボヒラタカメムシ *Usingerida verrucigera* …… 10, 73
【ウ】ウシカメムシ *Alcimocoris japonensis* …… 57, 94, 101, 197
ウスアカカスミカメ *Adelphocoris piceosetosus* ……63
ウスアカユミアシサシガメ *Polytoxus ruber* ……20
ウスオビヒメカスミカメ *Prolygus bakeri* ……49
ウスモンミドリカスミカメ *Taylorilygus apicalis* …… 50, 58, 144, 145
ウズラカメムシ *Aelia fieberi* ……102
ウチワグンバイ *Cantacader lethierryi* …… 74, 151
ウデワユミアシサシガメ *Polytoxus armillatus* …… 75
ウミアメンボ *Halobates japonicus* ……25, 32, 47, 51, 52, 89
ウミミズカメムシ *Speovelia maritima* ……88
【エ】エグリタマミズムシ *Heterotrephes admorsus* …… 86, 158

エサキアメンボ *Limnoporus esakii* ……85
エサキコミズムシ *Sigara septemlineata* …… 157
エサキモンキツノカメムシ *Sastragala esakii* ……33, 44, 59, 109
エゾアオカメムシ *Palomena angulosa* …… 59, 100
エドクロツヤチビカスミカメ *Sejanus komabanus* …… 147
エビイロカメムシ *Gonopsis affinis* …… 39, 69, 103
【オ】オオアメンボ *Aquarius elongatus* ……36, 47, 59, 84
オオキンカメムシ *Eucorysses grandis* …… 17, 21, 26, 31, 53, 58, 106, 197
オオクモヘリカメムシ *Homoeocerus striicornis* …… 18, 27, 116
オオクロカメムシ *Scotinophara horvathi* ……75
オオクロナガトビカスミカメ *Psallus pullus* ……27
オオコオイムシ *Appasus major* …… 153
オオサシガメ *Triatoma rubrofasciata* …… 46, 194
オオツノカメムシ *Acanthosoma firmatum* …… 11, 108
オオツマキヘリカメムシ *Hygia lativentris* …… 70, 116
オオトゲシラホシカメムシ *Eysarcoris lewisi* ……101
オオトビサシガメ *Isyndus obscurus* …… 59, 141
オオヒゲナガカメムシ *Pachygrontha austrina* …… 29, 78, 136
オオヘリカメムシ *Molipteryx fuliginosa* …… 116
オオホシカメムシ *Physopelta gutta* …… 24, 121
オオマダラカスミカメ *Phytocoris ohataensis* ……34
オオメダカナガカメムシ *Malcus japonicus* …… 41, 134
オオメナガカメムシ *Geocoris varius* ……131
オオメノミカメムシ *Hypselosoma matsumurae* ……171
オオモンシロナガカメムシ *Metochus abbreviatus* ……67, 127
オキナワイトアメンボ *Hydrometra okinawana* ……81, 166
オキナワツヤキノコカスミカメ *Yamatofulvius laevigatus* ……32
オキナワヒョウタンカスミカメ *Pilophorus nakatanii* …… 147
オモゴミズギワカメムシ *Macrosaldula shikokuana* ……86
【カ】カグヤホソカスミカメ *Campyloneura virgula* ……49
カタグロミドリカスミカメ *Cyrtorhinus lividipennis* …… 48, 91, 200
*カトンボカスミカメの一種 *Helopeltis fasciaticollis* ……20
ガマカスミカメ *Coridromius chinensis* ……24
カラマツトビカスミカメ *Parapsallus vitellinus* ……57
カワムラナベブタムシ *Aphelocheirus kawamurae* …… 193
カワラムクゲカメムシ *Cryptostemma japonicum* …… 87, 171
カンシャコバネナガカメムシ *Cavelerius saccharivorus* ……130
【キ】キアシクロホソカスミカメ *Phylus miyamotoi* ……68
キイロコガシラダルマカメムシ *Myiomma minutum* ……28
キイロサシガメ *Sirthenea flavipes* …… 143
キイロマツモムシ *Notonecta reuteri* ……25
キクグンバイ *Galeatus affinis* …… 150
キタカタグロミドリカスミカメ *Cyrtorhinus caricis* …… 75
キタフタガタカメムシ *Loricula pilosella* …… 148
キバネアシブトマキバサシガメ *Prostemma kiborti* ……77
キバラヘリカメムシ *Plinachtus bicoloripes* …… 31, 116
キベリヒゲナガサシガメ *Euagoras plagiatus* …… 141
キベリユミアシサシガメ *Polytoxus fuscovittatus* ……27
キマダラカメムシ *Erthesina fullo* …… 10, 17, 30, 34〜37, 40, 48, 49, 56, 59, 71, 195
キモンクロハナカメムシ *Anthocoris miyamotoi* ……138, 191
キュウシュウハシリカスミカメ *Hallodapus kyushuensis* ……46

キンカメムシの一種 *Chrysocoris patricius* ……21
ギンリンキノコカスミカメ *Euchilofulvius lepidopterus*……29
【ク】クサギカメムシ *Halyomorpha halys* …… 35～37, 52, 59, 64, 102
クスグンバイ *Stephanitis fasciicarina* …… 22, 41
クスベニヒラタカスミカメ *Mansoniella cinnamomi* …… 49, 147
クチブトカメムシ *Picromerus lewisi* ……14
クヌギカメムシ *Urostylis westwoodii*……112
クヌギズイムシハナカメムシ *Lyctocoris ichikawai* ……10
クヌギヒイロカスミカメ *Pseudoloxops miyamotoi* …… 186
クビアカサシガメ *Reduvius humeralis* …… 143
クビグロアカサシガメ *Haematoloecha delibuta* ……78
クビワシダカスミカメ *Bryocoris gracilis* ……72
クモヘリカメムシ *Leptocorisa chinensis* …… 66, 118
クルミツヤクロカスミカメ *Castanopsides falkovitshi* ……57
クロアシブトハナカメムシ *Xylocoris hiurai*……90
クロアシホソナガカメムシ *Paromius jejunus* …… 127
クロキノウエナガカメムシ *Sadoletus izzardi* …… 129
クロキノコカスミカメ *Punctifulvius kerzhneri* …… 10, 57
クロクビナガカメムシ *Stenopirates japonicus*…… 170
クロスジコアオカスミカメ *Apolygus nigrovirens* …… 186
クロスジヒゲナガカメムシ *Pachygrontha similis*…… 24, 66, 128
クロツヤオオメナガカメムシ *Geocoris itonis* …… 131
クロツヤダルマカメムシ *Isometopus takaii* …… 147
クロハナカメムシ *Anthocoris japonicus* …… 27, 33, 58
クロヒゲナガカメムシ *Pachygrontha nigrovittata* …… 128
クロヒョウタンカスミカメ *Pilophorus typicus*……55, 62
クロヒラタカメムシ *Brachyrhynchus taiwanicus* ……78
クロホシカメムシ *Pyrrhocoris sinuaticollis* …… 67, 123
クロマダラナガカメムシ *Heterogaster urticae* …… 129
クロモンサシガメ *Peirates turpis* …… 143
グンバイカスミカメ *Stethoconus japonicus* …… 13, 41, 56
【ケ】ケシウミアメンボ *Halovelia septentrionalis* …… 33, 56, 89, 165, 190
ケシカタビロアメンボ *Microvelia douglasi* …… 20, 29, 51, 81, 165
ケシハナカメムシ *Cardiastethus exiguus* ……94
ケシミズカメムシ *Hebrus nipponicus* …… 81, 167
ケズネナガカメムシ *Parathyginus signifer* …… 129
ゲットウグンバイ *Stephanitis typica* …… 11, 39
ケブカカスミカメ *Tinginotum perlatum*…… 59
ケブカクロカスミカメ *Irbisia sericans* ……92
ケブカサシガメ *Peregrinator biannulipes*…… 54
ケブカヒメヘリカメムシ *Rhopalus sapporensis* …… 119
【コ】コアオカスミカメ *Apolygus lucorum*…… 145
コアカソグンバイ *Cysteochila fieberi*……150
コウモリトコジラミ *Cimex japonicus*……33, 90
コオイムシ *Appasus japonicus* ……35, 44, 80, 152, 153
コガタウミアメンボ *Halobates sericeus*…… 23, 54, 93, 164
コゲヒメトビサシガメ *Neostaccia plebeja*…… 75
コセアカアメンボ *Gerris gracilicornis* ……20, 26, 54, 163
コバネナガカメムシ *Dimorphopterus pallipes* ……130
コバネヒョウタンナガカメムシ *Togo hemipterus* …… 66, 126, 194
コバンムシ *Ilyocoris cimicoides exclamationis* …… 25, 31, 82, 83, 159, 200

コヒメハナカメムシ *Orius minutus* …… 138
コブチヒメヘリカメムシ *Stictopleurus minutus* …… 33
コブマダラカモドキサシガメ *Empicoris ussuriensis* …… 72
コマダラナガカメムシ *Spilostethus hospes* …… 125
コマツモムシ *Anisops ogasawarensis* …… 52, 83, 156
ゴミアシナガサシガメ *Myiophanes tipulina* …… 29
コミドリチビトビカスミカメ *Campylomma livida* …… 28, 30, 58, 146, 188, 196
【サ】サジクヌギカメムシ *Urostylis striicornis* …… 112
サトクロツヤチビカスミカメ *Sejanus vivaricolus* …… 41
サトチビトビカスミカメ *Campylomma tanakakiana* …… 188
サビヒョウタンナガカメムシ *Horridipamera inconspicua* …… 67
サンゴアメンボ *Hermatobates schuhi* …… 27, 35, 165, 190, 196, 200
サンゴカメムシ *Corallocoris satoi* …… 22, 89, 169, 200
サンゴミズギワカメムシ *Salduncula decempunctata* …… 89
【シ】シオアメンボ *Asclepios shiranui* …… 12, 27, 56, 164
シナノチビカメムシ *Parapiesma josifovi* …… 133
シマアオカスミカメ *Mermitelocerus annulipes* …… 13
シマアメンボ *Metrocoris histrio* …… 12, 25, 47, 86, 162, 164
★シマコガシラダルマカメムシ *Myiomma austroccidens* …… 35
シマサシガメ *Sphedanolestes impressicollis* …… 12, 69, 140, 141
シマスカシチビカスミカメ *Opuna annulata* …… 22
ジムグリツチカメムシ *Schiodtella japonica* …… 24, 79, 111
シャムマルカメムシ *Coptosoma variegatum* …… 21
ジュウジナガカメムシ *Tropidothorax cruciger* …… 125
シラゲホソチビカスミカメ *Lasiolabops cosmopolites* …… 54
シラホシカメムシ *Eysarcoris ventralis* …… 101
シロウミアメンボ *Halobates matsumurai* …… 41, 51, 52, 56, 164, 200
シロジュウジホシカメムシ *Dysdercus decussatus* …… 19, 123
シロバフトカスミカメ *Eocalocoris albicerus* …… 54
シロヘリカメムシ *Aenaria lewisi* …… 102
シロヘリクチブトカメムシ *Andrallus spinidens* …… 69
シロヘリツチカメムシ *Canthophorus niveimarginatus* …… 41, 42, 56, 111
シロヘリツノヘリカメムシ *Dicranocephalus lateralis* …… 120
【ス】ズアカシダカスミカメ *Monalocoris filicis* …… 31, 72
スカシヒメヘリカメムシ *Liorhyssus hyalinus* …… 35, 62, 119
スカシホソメダカナガカメムシ *Cymoninus turaensis* …… 133
スケバチビカスミカメ *Moissonia befui* …… 9
スケバツヤツチカメムシ *Parachilocoris semialbidus* …… 79
スコットカメムシ *Menida disjecta* …… 59, 90, 102
スナコバネナガカメムシ *Blissus hirtulus* …… 79
【セ】セグロベニモンツノカメムシ *Elasmostethus humeralis* …… 44
セスジアメンボ *Limnogonus fossarum fossarum* …… 31
セスジクロツヤカスミカメ *Deraeocoris ryukyuensis* …… 27
セスジヨシカスミカメ *Teratocoris tagoi* …… 75
セダカヒメマルカスミカメ *Peltidolygus scutellatus* …… 20
セマルナガカメムシ *Pachyphlegyas modiglianii* …… 128
センタウミアメンボ *Halobates germanus* …… 93
【ソ】ソデフリカスミカメ *Ernestinus kasumi* …… 26, 34, 38, 40, 42, 45
【タ】タイコウチ *Laccotrephes japonensis* …… 80, 155
タイリクヒメハナカメムシ *Orius strigicollis* …… 34, 49, 192
タイワンコオイムシ *Diplonychus rusticus* …… 193

タイワンタイコウチ *Laccotrephes grossus* ……155
タイワンタガメ *Lethocerus indicus* ……14, 24, 31, 44, 152, 192, 193
タイワンツヤカスミカメ *Deraeocoris apicatus* ……13, 42, 147
タイワンナガマキバサシガメ *Nabis sauteri* ……75
タカネアオカスミカメ *Mermitelocerus viridis* ……200
タガメ *Kirkaldyia deyrolli* ……82, 152, 194, 200
タスキホソナガハナカメムシ *Scoloposcelis albodecussata* ……78
タデマルカメムシ *Coptosoma parvipictum* ……18, 113
タバコカスミカメ *Nesidiocoris tenuis* ……192
タマカメムシ *Sepontiella aenea* ……101
ダルマカメムシ *Isometopus japonicus* ……71
ダルマキノコカスミカメ *Bothriomiris gotohi* ……26
【チ】チビカスミカメの一種 *Randallopsallus paracastaneae* ……57
チビカメムシ *Piesma capitatum* ……133
チビヒメヒラタナガカメムシ *Cymodema basicornis* ……132
チャイロカメムシ *Eurygaster testudinaria* ……106
チャイロクチブトカメムシ *Arma custos* ……35
チャイロナガカメムシ *Neolethaeus dallasi* ……127
チャイロノミカメムシ *Kokeshia esakii* ……171
チャバネアオカメムシ *Plautia stali* ……8, 11, 18, 22, 26, 51〜53, 56, 91, 98, 100, 196, 197
チャモンナガカメムシ *Paradieuches dissimilis* ……65
チャモンミドリカスミカメ *Neolygus nemoralis* ……65
【ツ】ツシマオオカメムシ *Placosternum esakii* ……198
ツチカメムシ *Macroscytus japonensis* ……110
ツツジグンバイ *Stephanitis pyrioides* ……56, 149
ツノアオカメムシ *Pentatoma japonica* ……100, 103
ツノアカツノカメムシ *Acanthosoma haemorrhoidale* ……57
ツマキヘリカメムシ *Hygia opaca* ……116
ツマグロアオカスミカメ *Apolygus spinolae* ……60
ツマグロハギカスミカメ *Apolygus subpulchellus* ……63
ツヤアオカメムシ *Glaucias subpunctatus* ……18, 52, 64, 91, 100
ツヤウミアメンボ *Halobates micans* ……93
ツヤキノコカスミカメ *Yamatofulvius miyamotoi* ……73
ツヤセスジアメンボ *Limnogonus nitidus* ……9, 163
ツヤヒメハナカメムシ *Orius nagaii* ……17
ツヤマルカメムシ *Brachyplatys vahlii* ……113
【ト】トガリアメンボ *Rhagadotarsus kraepelini* ……49, 162, 164
トゲカメムシ *Carbula abbreviata* ……65, 101
トゲサシガメ *Polididus armatissimus* ……20, 74, 91, 142
トゲシラホシカメムシ *Eysarcoris aeneus* ……101
トゲナベブタムシ *Aphelocheirus nawae* ……160
トコジラミ *Cimex lectularius* ……12, 14, 33, 35, 90, 139
トックリフタガタカメムシ *Loricula nikko* ……148
トビイロサシガメ *Oncocephalus assimilis* ……143, 176
トホシカメムシ *Lelia decempunctata* ……57, 98
【ナ】ナガコガシラダルマカメムシ *Kohnometopus fraxini* ……29, 41
ナガサキアメンボ *Aquarius haliplous* ……14, 17, 37〜39, 56, 117, 163, 186
ナガサキホソカスミカメ *Nesidiocoris nozakianus* ……147
ナガチビトビカスミカメ *Campylomma fukagawai* ……52, 188
ナガミドリカスミカメ *Lygocoris pabulinus* ……9, 145
ナガメ *Eurydema rugosa* ……102

ナシカメムシ *Urochela luteovaria* ……42, 54, 71, 112
ナシグンバイ *Stephanitis nashi* ……94, 149
ナナホシキンカメムシ *Calliphara excellens* ……19, 41, 105
ナベブタムシ *Aphelocheirus vittatus* ……25, 31, 86, 160, 200
ナミアメンボ *Aquarius paludum* ……13, 17, 25, 30, 36, 37, 40, 50, 54, 60, 84, 87, 117, 162, 163
ナミヒメハナカメムシ *Orius sauteri* ……20, 34, 53, 58
ナラオオホソカスミカメ *Cyllecoris vicarius* ……55

【ニ】
ニシキキンカメムシ *Poecilocoris splendidulus* ……9, 35, 42, 104, 197
ニセカシワトビカスミカメ *Psallus edoensis* ……144
ニセツヤマルカスミカメ *Apolygopsis furvocarinata* ……23, 147
ニセヒメクモヘリカメムシ *Paraplesius vulgaris* ……52, 68, 118
ニッポンコバネナガカメムシ *Dimorphopterus japonicus* ……23, 130

【ネ】
ネッタイトコジラミ *Cimex hemipterus* ……139
*ネッタイナミアメンボ *Aquarius adelaidis* ……23, 34
ネッタイヒイロカスミカメ *Pseudoloxops imperatorius* ……34, 144
ネムチビトビカスミカメ *Campylomma miyamotoi* ……52

【ノ】
ノコギリカメムシ *Megymenum gracilicorne* ……70, 107
ノコギリヒラタカメムシ *Aradus orientalis* ……33, 73, 136

【ハ】
ハイイロチビミズムシ *Micronecta sahlbergii* ……157
ハイマツハナカメムシ *Acompocoris brevirostris* ……92
ハギメンガタカスミカメ *Eurystylus sauteri* ……17, 56
ハサミツノカメムシ *Acanthosoma labiduroides* ……23, 65, 108, 109
ハナダカカメムシ *Dybowskyia reticulata* ……21
ハネナガマキバサシガメ *Nabis stenoferus* ……74, 137
ハネナシアメンボ *Gerris nepalensis* ……84
ハネナシサシガメ *Coranus dilatatus* ……141, 142
ハマベツチカメムシ *Byrsinus varians* ……79, 111
ハラアカナナホシキンカメムシ *Calliphara nobilis* ……21
ハラビロヘリカメムシ *Homoeocerus dilatatus* ……115
ハラビロマキバサシガメ *Himacerus apterus* ……137
ハリカメムシ *Cletus schmidti* ……116
ハリサシガメ *Acanthaspis cincticrus* ……54
ハリマテンサイカスミカメ *Melanotrichus choii* ……92
ハンノキトビカスミカメ *Psallus nigricornis* ……52

【ヒ】
ヒゲナガカメムシ *Pachygrontha antennata* ……128
ヒゲナガキノコカスミカメ *Cylapomorpha michikoae* ……26
ヒゲブトグンバイ *Copium japonicum* ……29, 93
ヒコサンテングカスミカメ *Termatophylum hikosanum* ……63
ヒメアメンボ *Gerris latiabdominis* ……60, 84, 163
ヒメイトアメンボ *Hydrometra procera* ……166
ヒメイトカメムシ *Metacanthus pulchellus* ……135
ヒメオオメナガカメムシ *Geocoris proteus* ……77, 131
ヒメクビナガカメムシ *Hoplitocoris lewisi* ……76, 170
ヒメクモヘリカメムシ *Paraplesius unicolor* ……52, 68, 118
ヒメクロツチカメムシ *Geotomus convexus* ……79
ヒメグンバイ *Uhlerites debilis* ……150
ヒメコモンキノコカスミカメ *Peritropis takahashii* ……73
ヒメジュウジナガカメムシ *Tropidothorax sinensis* ……69, 124
ヒメジンガサハナカメムシ *Wollastoniella rotunda* ……186
ヒメタイコウチ *Nepa hoffmanni* ……80
ヒメダルマハナカメムシ *Isometopus hananoi* ……138

ヒメチャバネアオカメムシ *Plautia splendens* ……52
ヒメツチカメムシ *Fromundus pygmaeus* ……18
ヒメツノカメムシ *Elasmucha putoni* …… 109
ヒメツヤマルカスミカメ *Apolygopsis mikioi* ……29
ヒメトゲヘリカメムシ *Coriomeris scabricornis* ……74
ヒメナガカメムシ *Nysius plebeius* …… 32, 125
ヒメナガメ *Eurydema dominulus* ……102
ヒメハサミツノカメムシ *Acanthosoma forficula* ……50, 109
ヒメハリカメムシ *Cletus trigonus* …… 116
ヒメヒラタカメムシ *Aneurus macrotylus* …… 136
ヒメヒラタナガカメムシ *Cymus aurescens* …… 132
ヒメホシカメムシ *Physopelta parviceps* …… 26, 50, 121
ヒメマルミズムシ *Paraplea indistinguenda* …… 158
ヒメミズカマキリ *Ranatra unicolor* ……82, 155
ヒョウタンカスミカメの一種 *Pilophorus pleiku* ……55
ビロウドサシガメ *Ectrychotes andreae* …… 142
ヒロズカメムシ *Eumenotes pacao* …… 107
【フ】フタスジカスミカメ *Stenotus binotatus* ……49
フタボシツチカメムシ *Adomerus rotundus* …… 47, 111
フタモンホシカメムシ *Pyrrhocoris sibiricus* ……122, 123
ブチヒゲカメムシ *Dolycoris baccarum* …… 28, 31, 101
ブチヒゲクロカスミカメ *Adelphocoris triannulatus* ……62
ブチヒゲツノヘリカメムシ *Dicranocephalus medius* …… 120
ブチヒメヘリカメムシ *Stictopleurus punctatonervosus* …… 58, 62, 119
ブチヒラタナガカメムシ *Kleidocerys nubilus* …… 65, 125
フトハサミツノカメムシ *Acanthosoma crassicaudum* …… 108
プラタナスグンバイ *Corythucha ciliata* …… 49, 68, 151
【ヘ】ヘクソカズラグンバイ *Dulinius conchatus* …… 20, 33, 40, 49, 60, 151
ベニチビトビカスミカメ *Campylomma marjorae* …… 147
ベニツチカメムシ *Parastrachia japonensis* …… 35, 45～47, 55, 111, 198
ベニホシカメムシ *Antilochus coquebertii* …… 56, 123
ヘラクヌギカメムシ *Urostylis annulicornis* …… 112
ヘリオオカスミカメ *Pantilius tunicatus* …… 147
ヘリグロミドリカスミカメ *Neolygus zhugei* ……145, 189
【ホ】ホオズキカメムシ *Acanthocoris sordidus* …… 24, 70, 114, 115
ホシダルマキノコカスミカメ *Dasymenia capillosa* ……10
ホシハラビロヘリカメムシ *Homoeocerus unipunctatus* ……11, 114, 115, 195
ホソコバネナガカメムシ *Macropes obnubilus* …… 68, 130
ホソハリカメムシ *Cletus punctiger* …… 53, 66, 116
ホソヒメヒラタナガカメムシ *Cymus koreanus* …… 132
ホソヘリカメムシ *Riptortus pedestris* …… 46, 53, 55, 64, 118
ホソメダカナガカメムシ *Ninomimus flavipes* …… 133
ホッケミズムシ *Hesperocorixa distanti hokkensis* ……83
【マ】マダラアシミズカマキリ *Ranatra longipes* ……24, 56
マダラケシカタビロアメンボ *Microvelia reticulata* ……165
マダラダルマカメムシ *Isometopus ishigaki* …… 144
マツコヒラタカメムシ *Aradus czerskii* …… 73, 127
マツヘリカメムシ *Leptoglossus occidentalis* ……49, 115
マツムラグンバイ *Tingis matsumurai* ……151
マツモムシ *Notonecta triguttata* …… 20, 22, 30, 31, 52, 83, 156, 194
★マラヤヘラヅノダルマカメムシ *Alcecoris cochlearatus* ……29

マルカメムシ *Megacopta punctatissima* ········· 17, 18, 23, 34, 38, 41, 53, 57, 59, 60, 70, 113, 195
マルグンバイ *Acalypta sauteri* ······ 72, 150
マルシラホシカメムシ *Eysarcoris guttigerus* ······ 53, 101
マルツチカメムシ *Microporus nigrita* ······79
マルミズムシ *Paraplea japonica* ······ 31, 83
【ミ】 ミカンキンカメムシ *Solenosthedium chinense*······21
ミズカマキリ *Ranatra chinensis* ······ 12, 31, 41, 82, 154, 155, 194, 200
ミズカメムシ *Mesovelia vittigera* ······ 23, 167
ミズギワカメムシ *Saldula saltatoria* ······168
ミスジシダカスミカメ *Felisacus longiceps* ······ 11, 43
ミツボシツチカメムシ *Adomerus triguttulus* ······ 35, 44, 47, 55, 111
ミナミアオカメムシ *Nezara viridula* ······ 37, 42, 46, 50, 51, 58, 59, 100, 197
ミナミグンバイカスミカメ *Stethoconus praefectus* ······ 39, 55
ミナミスケバチビカスミカメ *Moissonia punctata* ······49
ミナミチビトビカスミカメ *Campylomma lividicornis* ······ 49, 146
ミナミヒゲナガカメムシ *Pachygrontha bipunctata* ······128
ミナミマキバサシガメ *Nabis kinbergii* ······ 27, 137
ミヤコキンカメムシ *Lampromicra miyakona* ······19
ミヤモトフタガタカメムシ *Loricula miyamotoi* ······28, 35, 76, 148
【ム】 ムナグロキイロカスミカメ *Tytthus chinensis* ······ 200
ムラクモナガカメムシ *Eremocoris angusticollis*······76
ムラサキシラホシカメムシ *Eysarcoris annamita* ······101
ムラサキナガカメムシ *Pylorgus colon* ······ 125
【メ】 メダカナガカメムシ *Chauliops fallax* ······ 69, 134
メミズムシ *Ochterus marginatus marginatus* ······ 87, 161
【モ】 モチツツジカスミカメ *Orthotylus gotohi* ······26
モンキツノカメムシ *Sastragala scutellata*······109
モンキハシリカスミカメ *Hallodapus centrimaculatus* ······51
モンクロナガカメムシ *Horridipamera nietneri* ······ 127
モンシロナガカメムシ *Panaorus albomaculatus*······ 67, 127
モンシロハシリカスミカメ *Hallodapus linnavuorii* ······22
モンシロハナカメムシ *Montandoniola thripodes*······ 55
【ヤ】 ヤサハナカメムシ *Amphiareus obscuriceps* ······ 77, 138
ヤスマツアメンボ *Gerris insularis*······85
ヤニサシガメ *Velinus nodipes* ······ 141
【ユ】 ユミアシハナカメムシ *Physopleurella armata* ······24
【ヨ】 ヨーロッパトビカスミカメ *Psallus salicis*······52
ヨコヅナサシガメ *Agriosphodrus dohrni* ······ 42, 48, 59, 71, 141
ヨコヅナツチカメムシ *Adrisa magna*······ 77, 111
ヨツボシカスミカメ *Bertsa lankana* ······15
ヨツボシキノコカスミカメ *Fulvius anthocoroides* ······94
ヨツボシヒョウタンナガカメムシ *Gyndes pallicornis* ······127
ヨツモンカメムシ *Urochela quadrinotata*······11
【ラ】 ラデンキンカメムシ *Scutellera amethystina*······48
【ル】 ルイスチャイロナガカメムシ *Neolethaeus lewisi* ······77
【レ】 ★レイシオオカメムシ *Tessaratoma papillosa* ······ 18, 46

あとがき

2012年末に日本原色カメムシ図鑑 第3巻が出版され、カメムシに関する図鑑も一区切りついてホッとしていた矢先、出版元の全国農村教育協会から「専門的な図鑑はできたが、一般の人達がもう少し馴染みやすいカメムシの入門書的な本ができないだろうか」との相談を受けました。入門書を作ることで少しでもカメムシに興味を持つ方が増え、日本原色カメムシ図鑑を活用していただけるのであれば、図鑑作りに携わった我々としては願ったり叶ったりですので、その提案を断る理由はありませんでした。
日本原色カメムシ図鑑の全巻に関わっていた我々は、大なり小なりカメムシの写真を撮り続けていたので、手元には膨大なカメムシの写真があり、写真に関してはそれほど苦労をしないだろうと考えていましたが、それが間違いであったと、やがて思い知らされることになります。我々がこれまで取り組んできたのは、陸生カメムシであり、水生カメムシについてはほとんど手を付けていなかったからです。結局、この本の完成には5年ほどを要することになりましたが、しかし、この５年間は決して無駄ではありませんでした。陸生カメムシが終われば、当然の成り行きとして次のターゲットは水生カメムシに移ります。この5年間に水生カメムシ類の写真を蓄積できたことは、我々にとって大きな財産となりました。
全国農村教育協会から出版された一連のカメムシ図鑑の出発点は、1975年に上梓された川澤哲夫、川村満共著の「原色図鑑カメムシ百種」でした。掲載種数こそ150種程度と少ないものの、それまでの標本写真を並べた図鑑とは違い生態写真を中心とした斬新な図鑑でした。その後出版された日本原色カメムシ図鑑 第１～３巻も生態写真を基本とし、それが撮れない場合は生体写真、どうしても採集できない種については標本写真ということでやってきました。図鑑用の写真ですので、それぞれの種の特徴が出るように撮る必要があり、多くの場合、背面あるいは前方斜め上からといった型にはまった撮り方にならざるを得ません。しかし、生態写真を撮っていると予想外の場面に出くわし、新たな知見が得られることも珍しくありません。探し求めてやっと撮れたときの喜びもさることながら、新たな知見となる写真や意外性のある写真が撮れたときの喜びもまた格別なものです。日本原色カメムシ図鑑 第１巻（図版89）に掲載したナナホシキンカメムシの交尾前の雌雄の儀式のような行動もそのひとつです。予想外の場面といえば、枯れたススキの茎に止まっているエビイロカメムシの背中に何を勘違いしたのかトンボが止まっている場面に出会いました。茎とカメムシの色が同じなので、これはカメムシが茎の一部に擬態しているとも考えられます。カメムシは嫌がって体を左右に振っているのですが、トンボはトンボで茎だと思っているのか全く動じる様子が見られませんでした。また、高倍率で大きく写して初めてわかる形態や生態もあります。しかしながら、このような写真は、図鑑に使われることはほとんどありません。本書カメムシ博士入門では、このような興味深い形態や生態の写真がたくさん掲載されていますので、楽しみながら見ていただけるのではないかと思います。カメムシは嫌な臭いを出す虫として忌み嫌われがちですが、カメムシ博士入門を手に取られた方々に少しでもカメムシの面白さや素晴らしさを伝えることができたなら、我々にとってこの上ない喜びであります。

著者を代表して　　高井幹夫

プロフィール

安永智秀
(やすなが ともひで)
(Tomohide YASUNAGA)

アジア各地からシベリア、欧米、ケニア、マーシャル諸島など転々、未だ見ぬ種を求めさすらう風狂流浪のカメムシ博士(農学)。カスミカメやハナカメなど微小難分類群を専門とするが、近頃は高校生たちからアメンボの海に引きずり込まれ右往左往、浮かぶ瀬をさがす憂悶の日々をおくっている。

前原 諭
(まえはら さとし)
(Satoshi MAEHARA)

小学1年生でカメムシの研究に目覚める。現在もスーパーマーケットに勤務するかたわら、栃木県内を中心にカメムシの採集と分布調査を行っている。最近では樹幹性の種類に興味を持ち、各地で探索を継続中。

石川 忠
(いしかわ ただし)
(Tadashi ISHIKAWA)

東京農業大学教授。博士(農学)。日本原色カメムシ図鑑 第3巻の編著者の一人。20歳の頃に昆虫の面白さに出会い、とくにカメムシの多様性に興味を惹かれる。同定困難なカメムシ類を好み、最近は水生カメムシにも傾倒しつつある。

高井幹夫
(たかい みきお)
(Mikio TAKAI)

高知県在住。日本原色カメムシ図鑑 第1巻～第3巻では主に写真撮影を担当。30年余りにわたってカメムシを中心に昆虫類の撮影を続けてきたが、最近は自然全般を対象に撮影をしている。

制作スタッフ
元村廣司(編集、全国農村教育協会)
田口千珠子(本文デザイン・DTP、全国農村教育協会)
栗田和典(カバー表紙デザイン、全国農村教育協会)

The following citation is recommendable for this book:

Yasunaga, T., Maehara, S., Ishikawa, T. and Takai, M. 2018. Guidebook to the heteropteran world — Basic ecology, morphology, classification and research methodology. Zenkoku Noson Kyoiku Kyokai, Publishing Co., Ltd., Tokyo, 212 pp.

全農教　観察と発見シリーズ
カメムシ博士入門

定価はカバーに表示してあります。
2018年9月19日　初版第1刷発行
2023年8月26日　初版第2刷発行

著　者　安永智秀・前原　諭・石川　忠・高井幹夫
発行所　株式会社全国農村教育協会
東京都台東区台東1-26-6（植調会館）　〒110-0016
電話 03-3833-1821（代表）
FAX 03-3833-1665
http://www.zennokyo.co.jp
印刷所　三松堂株式会社

ISBN978-4-88137-195-4 C0645